U0191937

高等职业院校模具设计与制造专业规划教材

注塑模具课程设计指导书

主　编　李厚佳　王　浩
参　编　万　军　张晓岩

机械工业出版社

本书是适应高等职业教育的特点，根据模具设计与制造专业的培养目标和教学要求而编写的模块式教材。具体内容包括：课程设计步骤、时间安排、塑件成型工艺分析、模具结构方案论证、分型面选择与成型零件设计、浇注系统设计、侧抽芯机构设计、温度调节系统设计、排气系统设计、合模机构设计、模具2D结构设计中的基本规范和说明书的编写格式。通过典型制件的注塑模设计，突出模具结构设计的新方法、新思路，转变从2D到3D设计模具的陈旧理念。

本书可作为高等职业院校模具设计与制造专业教材，还可作为模具设计和制造人员的培训教材和参考书。

图书在版编目（CIP）数据

注塑模具课程设计指导书/李厚佳，王浩主编．—北京：机械工业出版社，2011.2（2023.7重印）

高等职业院校模具设计与制造专业规划教材

ISBN 978-7-111-32933-6

Ⅰ.①注… Ⅱ.①李…②王… Ⅲ.①注塑—塑料模具—课程设计—高等学校：技术学校—教学参考资料 Ⅳ.①TQ320.66

中国版本图书馆CIP数据核字（2010）第261900号

机械工业出版社（北京市百万庄大街22号 邮政编码100037）
策划编辑：荆宏智 王晓洁 责任编辑：荆宏智 王晓洁 宋亚东
版式设计：霍永明 责任校对：申春香
封面设计：张 静 责任印制：邓 博
北京盛通商印快线网络科技有限公司印刷
2023年7月第1版第6次印刷
184mm×260mm · 10.25印张 · 1插页 · 248千字
标准书号：ISBN 978-7-111-32933-6
定价：35.00元

电话服务 网络服务
客服电话：010-88361066 机 工 官 网：www.cmpbook.com
010-88379833 机 工 官 博：weibo.com/cmp1952
010-68326294 金 书 网：www.golden-book.com
 机工教育服务网：www.cmpedu.com

前　言

本书在编写过程中适应高等职业教育的特点，根据模具设计与制造专业的培养目标和教学要求，力求适用性和适度性，以体现高等职业教育特色和行业教育特色。本书全面、系统地阐述了注塑模具3D结构设计及其2D结构设计的原则和步骤，并介绍了相应的UG软件实操。本书从使模具专业学生能尽快适应实际工作的特点出发，本着专业知识够用为度的原则，把重点放在培养从事实际工作的基本能力和基本技能方面。内容上注重注塑模设计过程中用到的重点知识，如塑件成型工艺分析、模具结构方案论证、分型面选择与成型零件设计、浇注系统设计、侧抽芯机构设计、温度调节系统设计、排气系统设计、合模机构设计、模具2D设计，对其中的基本规范进行了阐述，力求突出实用性、应用性。书中对注塑模设计过程用的软件技能操作做了相应的介绍，并以实例加以巩固。本书从企业对人才要求的角度出发，力求适应高等职业教育的特点，将课程教学、现场教学与实训教学融为一体，符合“工作过程系统化”为导向的教学改革。

本书由李厚佳、王浩任主编，万军和张晓岩参加编写。全书编写分工如下：模块二、模块三、模块五由李厚佳编写，模块六和附录由王浩编写，模块一由万军编写，模块四由张晓岩编写，全书由李厚佳统稿。本书在编写过程中得到了许多单位和个人的大力支持，谨此致谢！

在编写过程中，本书参考了国内外公开出版的同类书籍并应用了部分图表，在此向这些书籍的作者表示感谢！

由于编者水平有限，书中难免有错漏之处，恳请广大读者批评指正。

编　者

目　录

模块一 概述

教学目标：

1. 了解课程设计的目的和内容
2. 掌握课程的设计步骤
3. 了解课程设计的时间安排

知识点：

1. 课程设计的内容
2. 课程设计的步骤

能力点：

1. 课程设计的内容
2. 课程设计的步骤

课题一 课程设计的目的和内容

一、课程设计的目的

课程设计是塑料成型工艺与模具设计课程中的最后一个教学环节，也是对学生所掌握知识的全面应用和检验。课程设计的目的是：

1）巩固和深化所学课程的知识，综合运用塑料模具设计、机械制图、公差与技术测量、机械原理及零件、模具材料及热处理、模具制造工艺等课程的知识，分析和解决塑料模具设计问题，进一步巩固、加深和拓宽所学的知识。

2）通过模具设计实践，逐步树立正确的设计思想，增强创新意识，使学生掌握一般塑料模具的设计内容、步骤和方法，并在设计构思和设计技能等方面得到相应的锻炼。

3）通过对绘图、计算、查找技术手册等技能的综合运用，设计简单塑料模具。

二、课程设计的内容

将学生分组，给每组同学不同形状且形状比较简单的圆柱形、矩形或异形塑件，并设计成单分型面或采用点浇口的多分型面、单型腔或多型腔的注射模一副。课程设计的内容包括：

1）同组学生商定塑件的成型工艺，正确选用成型设备。

2）合理地选择模具结构。根据塑件图的技术要求，提出模具结构方案，并使之结构合理、质量可靠、操作方便。必要时可根据模具设计和制造的要求提出修改塑件图样的意见，但必须征得设计者或用户同意后才可实施。

3）确定模具成型零件的结构形状、尺寸及其技术要求。

4）所设计的模具应当制造工艺性良好，造价便宜。

5）充分利用塑料成型质量高的特点，尽量减少后加工。

6）设计的模具应当能高效、优质、安全可靠地生产，且模具使用寿命长。

7）课程设计时间为2～3周，设计中要完成规定工作量。

课题二　课程设计的步骤

注塑模具设计的步骤见表1-1。

表1-1　注塑模具设计的步骤

阶　段	主要内容
设计准备	阅读设计任务书、原始数据、工作条件并明确设计任务，通过查阅有关设计资料、观看教学片和现场参观等，对设计对象的性能、结构及工艺有比较全面的认识和了解；阅读课程设计指导书，准备设计资料及绘图用具
模具3D总体结构的设计	利用三维设计软件，确定塑件在模具中的成型位置，确定分型面和型腔的数量，浇注系统形式和浇口的设计，成型零件的设计，脱模推出机构的设计，侧向分型与抽芯机构的设计，合模导向机构的设计，排气系统和温度调节系统的设计和模架选择等，绘制模具3D总装图
模具2D装配图的设计	确定模具装配图各种剖切位置，以使整个装配关系表达清楚，标注各种装配关系，完成装配图
2D零件图的设计	绘制指定的成型零件图，计算成型零件的工作尺寸及其公差，完成零件图
编写设计计算说明书	编写和整理课程设计计算说明书
设计总结及答辩	进行课程设计总结，完成答辩的准备工作

课题三　设计时间及进程安排

设计时间及进程安排见表1-2。

表1-2　设计时间及进程安排

1. 设计时间（2周）	第1周	论证与确定设计方案，完成有关计算、设备选择，绘制模具3D总装图
	第2周	完成模具2D装配图的绘制，完成3～4张模具零件图的绘制，并进一步修正装配图，完成说明书正稿
2. 设计时间（3周）	第3周	论证与确定设计方案，完成有关计算、设备选择，初步绘制模具3D总装图
	第4周	完成模具3D装配图的绘制，完成零件2D草图的绘制
	第5周	完成8～10张零件图的绘制，完成说明书正稿

课题四　课程设计中应注意的问题

（1）独立完成、精益求精　塑料模具课程设计是在老师指导下由学生独立完成的，也是对学生进行的一次较全面的工装设计训练。学生应明确设计任务，掌握设计进度，认真设计。每个阶段完成后要认真检查，提倡独立思考，有错误要认真修改，精益求精。

（2）设计阶段的相互关联　课程设计进程的各阶段是相互联系的。设计时，零部件的结构尺寸不是完全由计算确定的，还要考虑结构、工艺性、经济性以及标准化等要求。由于影响零部件结构尺寸的因素很多，随着设计的进展，考虑的问题会更全面、合理，故后阶段设计要对前阶段设计中的不合理部分进行必要地修改。所以课程设计要边计算、边绘图，反复修改，计算和设计绘图交替进行。

（3）善于学习和借鉴　学习和善于利用前人所积累的宝贵设计经验和资料，可以加快设计进程，避免不必要的重复劳动，是提高设计质量的重要保证，也是创新的基础。然而，任何一项设计任务均可能有多种方案，应从具体情况出发，认真分析，既要合理地吸取前人成果，又不可盲目地照搬、照抄。

模块二 模具3D结构设计原则及UG实操

教学目标：

1. 掌握注塑模具结构设计的步骤
2. 掌握初步确定注塑模具结构的方法
3. 掌握注塑模具分型面确定的原则及其方法
4. 掌握注塑模架及模具标准件选择的方法
5. 掌握注塑模具浇注系统设计的原则和方法
6. 掌握注塑模具抽芯机构设计的原则和方法

塑料模具设计要考虑的问题是多方面的，既要考虑塑件的工艺性及塑件成型加工工艺的问题，又要考虑模具结构及成型设备的问题。设计的模具应该在确保塑件各项技术要求的前提下，兼顾模具强度、刚度、寿命、操作的安全性等。此时，需要掌握塑料模具设计的基本步骤：

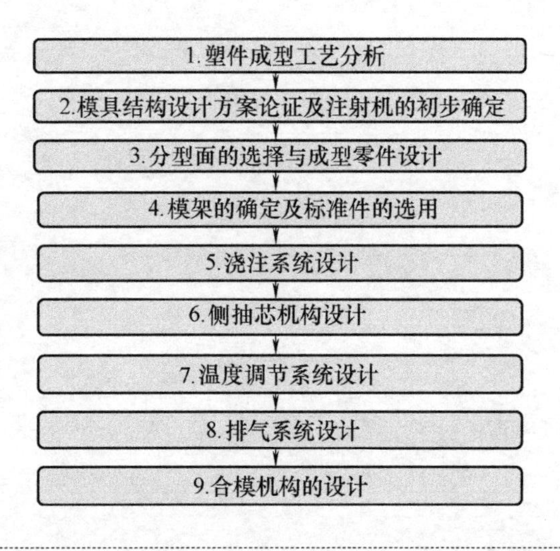

课题一 塑件成型工艺分析

知识点：

1. 塑件成型工艺分析的内容
2. 塑件结构分析
3. 塑件质量、体积分析

能力点：

1. UG塑件质量、体积分析
2. UG结构分析

塑件成型工艺分析见表2-1。

表2-1 塑件成型工艺分析

1. 塑件的原材料分析	根据塑件图中标明的塑件品种,分析改塑件的使用性能及成型性能,查阅该塑件的相对密度、比体积、收缩率及流动性能等特性
2. 塑件的结构工艺性分析	认真分析塑件图,审核塑件的几何形状、尺寸公差、表面粗糙度、塑件壁厚及其技术要求,必要时还需了解该塑件所属的部件图、塑件的载荷特性及其数值、使用条件和使用寿命等。根据自己的理解对塑件结构不合理之处提出意见,并征求指导教师的意见后加以修改,并利用三维软件对塑件结构进行分析①
3. 估计塑件的体积和重量②	计算塑件重量的目的是选择设备,提高设备利用率或提高生产率。当设备被限制,计算重量后可确定型腔数量。塑件精度要求高,生产批量少时选用单型腔;生产批量大时选用多型腔。有时也可以在一副模具中成型几种不同形状的塑件,这种情况多用于大设备上生产批量不大的成套组件

① 在UG软件中可直接测量分析塑件的脱模斜度、成型面之间的关系等,以便对塑件的成型性进行分析,如图2-1所示。

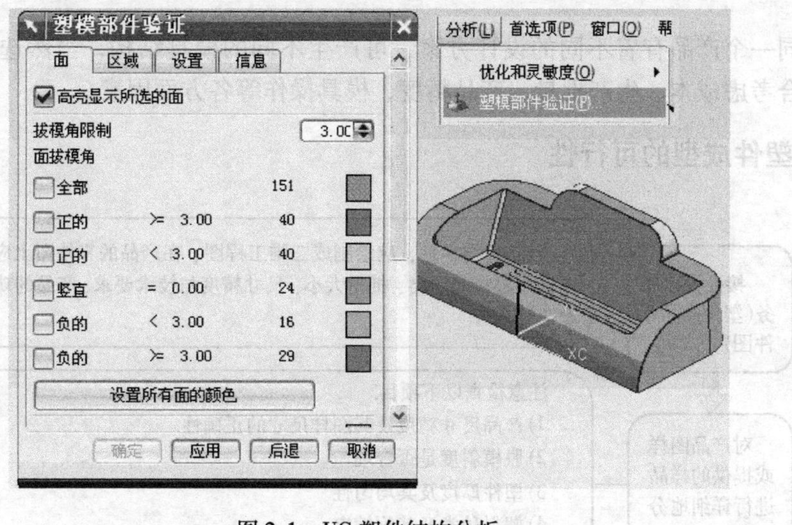

图2-1 UG塑件结构分析

② 在三维软件中,只要塑件三维实体模型给出,大多可以直接测量计算出塑件的质量和体积。如图2-2所示,可以方便地求解出塑件的体积,然后估算出浇注系统的体积,推算出注射机型号。

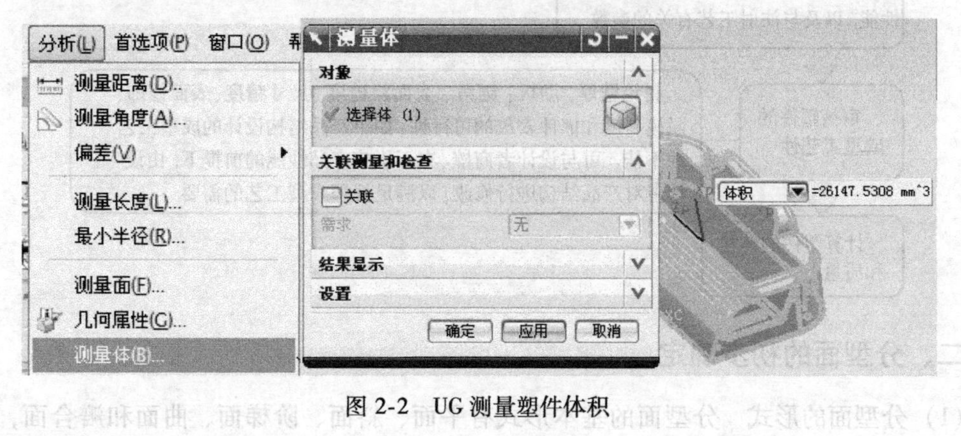

图2-2 UG测量塑件体积

课题二　模具结构设计方案论证及注射机的初步确定

知识点：

1. 注塑模具结构初步方案确定的内容
2. 型腔数量、布局确定的因素
3. 注射机型号的初步确定
4. 塑件分型面的初步确定

能力点：

1. UG 型腔数量及其布局
2. 塑件分型面的初步确定

对于同一个产品有着不同的设计方案，可产生不同的模具结构，当然选用何种结构形式，要综合考虑成本、生产批量、产品精度、模具操作等各方面因素。

一、塑件成型的可行性

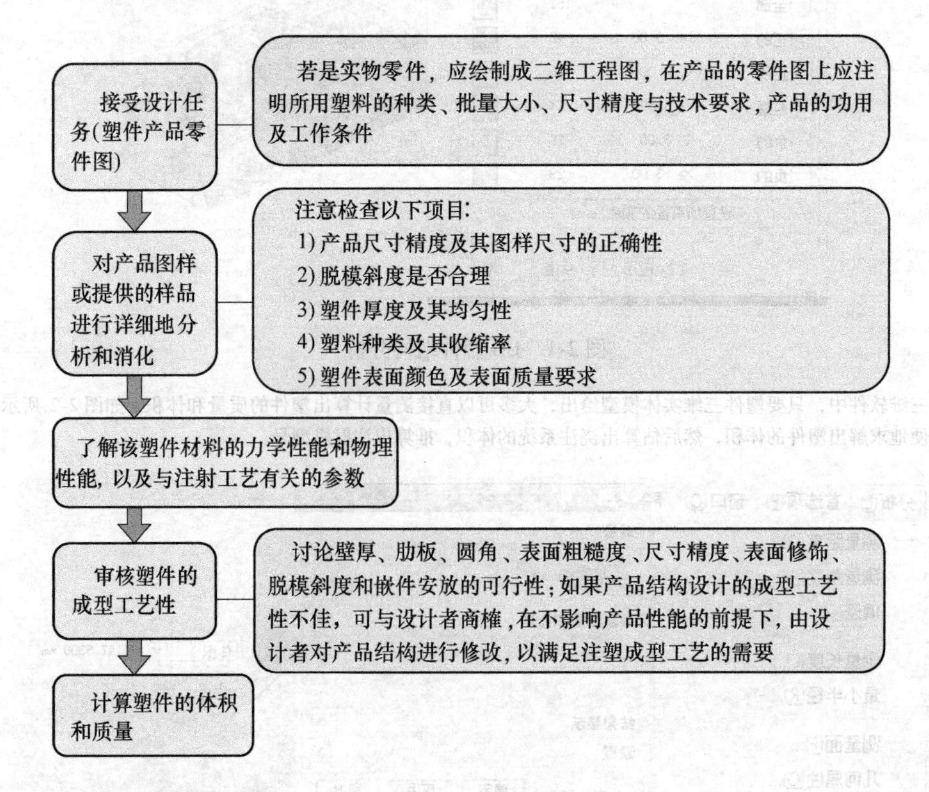

二、分型面的初步确定

(1) 分型面的形式　分型面的基本形式有平面、斜面、阶梯面、曲面和瓣合面，如图

2-3 所示。

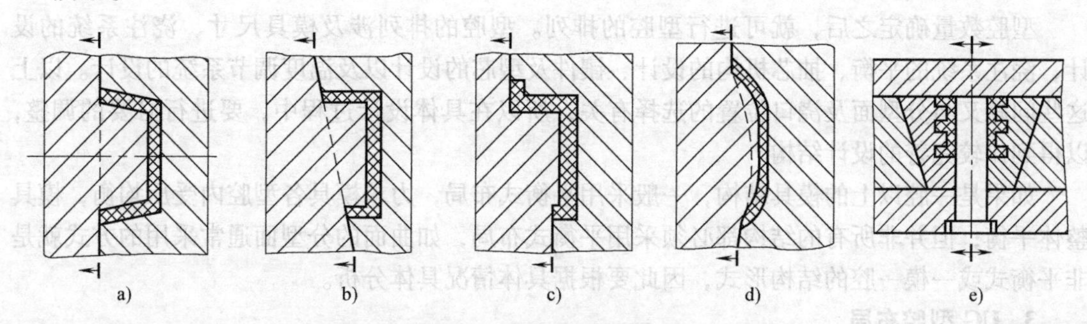

图 2-3 分型面的基本形式
a）平面 b）斜面 c）阶梯面 d）曲面 e）瓣合面

原则

分型面应尽量选择平面的，但是为了适应制品成型的需要与便于制品脱模，也可以采用后三种分型面。后三种分型面虽然加工较麻烦，但型腔加工却比较容易。

（2）标注分型面 当模具分型时，若分型面两边的模板都作移动，用“←↦”表示；若其中一方不动，另一方作移动，用“↦”表示，箭头指向移动的方向，多个分型面按分型的先后顺序，标示出“A”，“B”，“C”等。

（3）初步选定分型面时应该考虑以下几个问题

1）是否能确保塑件的成型质量。

2）分型面设置的位置是否能使清除毛刺及飞边较容易。

3）是否有利于排除型腔内的气体。

4）动模与定模分开后，塑件是否留在动模内。

初次选择模具分型面时，应该将塑件可能的分型面全部列出，根据塑件的技术要求、生产工艺、工艺装备等情况，从所列的方案中初步选定。

三、型腔数量、布局的确定

1. 单型腔模具的优点

1）塑件的形状和尺寸精度始终一致。

2）工艺参数易于控制。

3）模具结构简单、紧凑，设计制造、维修大为简化。

因此，对于精度要求高的小型塑件和中大型塑件优先采用一模一腔的结构；对于精度要求不高的小型塑件（没有配合精度要求），形状简单，又是大批大量生产时，采用多型腔模具的优势十分明显，可使生产效率大为提高。

但随着模具制造设备的数字化控制和电加工设备的逐渐普及，模具型腔的制造精度越来越高，特别是仪器仪表、各种家用电器的机械传动塑料齿轮和一些比较精密的塑件，也在广泛地采用着一模多腔注射成型。

型腔数量主要是根据塑件的质量、投影面积、几何形状（有无抽芯）、塑件精度、批量大小以及经济效益来确定的，以上这些因素有时是互相制约的，在确定设计方案时，须进行协调，以保证满足其主要条件。

2. 型腔布局的初步确定

型腔数量确定之后，就可进行型腔的排列。型腔的排列涉及模具尺寸、浇注系统的设计、浇注系统的平衡、抽芯机构的设计、镶件及型芯的设计以及温度调节系统的设计。以上这些问题又与分型面及浇口位置的选择有关，所以在具体设计过程中，要进行必要的调整，以得到比较完善的设计结构。

如果是一腔以上的模具结构，一般采用平衡式布局，力求模具各型腔内受压均衡，模具整体平衡；但并非所有的结构都必须采用平衡式布局，如曲面的分型面通常采用的方式就是非平衡式或一模一腔的结构形式，因此要根据具体情况具体分析。

3. UG 型腔布局

点击 UGMouldWizard 中的“型腔布局”，进行型腔布局设计，如图 2-4 所示。

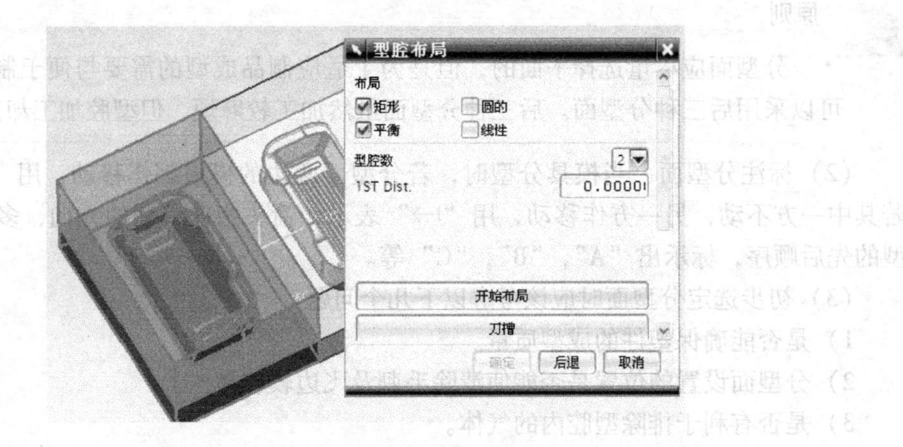

图 2-4　UG 型腔布局

四、模具结构形式的初步确定

模具结构形式按以下方法进行初步确定：

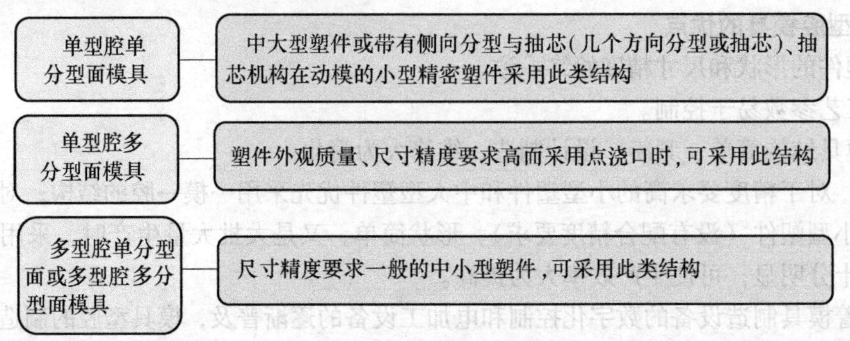

总之，在确定模具结构形式时，要边计算、边绘图来确定模具结构形式的设计方案，至少对两种方案进行分析比较，然后选择一种最佳的方案。

五、注射机型号的初步确定

在企业实际工作中，模具型腔数量的确定应考虑工厂条件、现有的设备，先选择可用的注射机，再根据注射机的性能参数等设计模具结构和型腔数目等。

但在学校学习阶段时，可以按照塑件的外形尺寸、质量大小及型腔的数量和排列方式来确定注射机型号，下面主要介绍学校设计方法。在确定模具结构形式及初步估算外形尺寸的前提下，应对模具所需塑料注射量、注射压力、塑件在分型面上的投影面积、成型时需用的锁模力、模具厚度、拉杆间距、安装固定尺寸以及开模行程等进行计算，这些参数都与注射机的有关性能参数密切相关，如果两者不匹配，则模具无法安装使用。因此，必须对有关参数进行校核，并通过校核来设计模具与选择注射机型号。具体步骤如下：

1.模具所需塑料熔体注射量 m

$$m=nm_1+m_2 \tag{2-1}$$

式中 m——一副模具所需塑料的质量或体积(g或cm^3)；

n——初步选定的型腔数量；

m_1——单个塑件的质量或体积(g或cm^3)；

m_2——浇注系统的质量或体积(g或cm^3)。

注意：m_2未知，若是流动性好的普通精度塑件，浇注系统的凝料为塑件质量或体积的15%～20%(注塑厂的统计资料)。若是流动性差的或精密塑件，据统计每个塑件所需浇注系统的质量或体积是塑件的0.2～1倍。当塑料熔体黏度高、塑件小、壁薄，型腔多，又作平衡式布置时，浇注系统的质量或体积甚至还要大。在学校做设计时以$0.6nm_1$来估算，即

$$m=1.6nm_1 \tag{2-2}$$

2.塑件和流道凝料(包括浇口)在分型面上的投影面积及所需锁模力

$$A=A_1+A_2 \tag{2-3}$$

$$F_m=(nA_1+A_2)\sigma_{p型} \tag{2-4}$$

式中 A——塑件及流道凝料在分型面上的投影面积(mm^2)；

A_1——单个塑件在分型面上的投影面积(mm^2)；

A_2——流道凝料(包括浇口)在分型面上的投影面积(mm^2)；

F_m——模具所需的锁模力(N)；

$\sigma_{p型}$——塑料熔体对型腔的平均压力(MPa)。

注意：流道凝料(包括浇口)在分型面上的投影面积A_2在模具设计前是未知的。根据多型腔模的统计分析，大致是每个塑件在分型面上投影面积A_1的0.2～0.5倍，因此可用$0.35nA_1$来估算。成型时塑料熔体对型腔的平均压力，其大小一般是注射压力的30%～65%

3.选择注射机型号

根据上面计算得到的m和F值选择一种注射机，注射机的最大注射量(额定注射量G)和额定锁模力F应满足

$$G\geqslant\frac{m}{\alpha} \tag{2-5}$$

式中 α——注射系数，无定型塑料取0.85，结晶型塑料取0.75。

$$F>F_m \tag{2-6}$$

部分塑料所需的注射压力 σ_{p0} 见表 2-2，设计中常按表 2-3 中的型腔压力进行估算。

表 2-2 部分塑料所需的注射压力 σ_{p0} （单位：MPa）

塑料类型	注射条件		
	厚壁件(易流动)	中等壁厚件	难流动的薄壁窄浇口
聚乙烯	70 ~ 100	100 ~ 120	120 ~ 150
聚氯乙烯	100 ~ 120	120 ~ 150	>150
聚苯乙烯	80 ~ 100	100 ~ 120	120 ~ 150
ABS	80 ~ 110	100 ~ 130	130 ~ 150
聚甲醛	85 ~ 100	100 ~ 120	120 ~ 150
聚酰胺	90 ~ 101	101 ~ 140	>140
聚碳酸酯	100 ~ 120	120 ~ 150	>150
有机玻璃	100 ~ 120	110 ~ 150	>150

表 2-3 常用塑料注射成型时型腔平均压力 （单位：MPa）

塑件特点	$\sigma_{p型}$	举例
容易成型塑件	25	PE、PP、PS 等壁厚均匀的日用品，容器类
一般塑件	30	在模温较高的情况下，成型薄壁容器类
中等黏度塑件及有精度要求的塑件	35	ABS、POM 等有精度要求的零件，如壳类等
高黏度塑料及高精度、难充模塑料	40	高精度的机械零件，如齿轮、凸轮等

课题三 分型面的选择与成型零件设计

知识点：

1. 选择分型面时注意的问题
2. 成型零件设计

能力点：

1. UG 分型面的确定
2. UG 成型零件设计

一、分型面的选择

1. 分型面的定义

模具上用来取出塑件和（或）浇注系统凝料的可分离接触表面称为分型面。

对模具结构设计方案和注射机选择完毕后，首先应确定分型面的位置，然后才能确定模具的结构形式。分型面设计得是否合理，对塑件质量、工艺操作难易程度和模具复杂程度具有很大影响。分型面的形状一般为平面分型面，有时由于塑件的结构形状较为特殊，需采用倾斜分型面、曲面分型面、阶梯分型面或瓣合分型面。有多个分型面时，为了便于看清模具的工作过程，应标出模具分型的先后顺序，如Ⅰ、Ⅱ、Ⅲ或 A、B、C 等。

分型面的选择应注意以下几点：

1）分型面应选在塑件的最大截面处。

2）不影响塑件外观质量，尤其是对外观有明确要求的塑件，更应注意分型面对外观的影响。

3）有利于保证塑件的精度要求。

4）有利于模具加工，特别是型腔的加工。

5）有利于浇注系统、排气系统、冷却系统的设置。

6）便于塑件的脱模，尽量使塑件开模时留在动模一边（有的塑件需要定模推出的例外）。

7）尽量减小塑件在合模平面上的投影面积，以减小所需锁模力。

8）便于嵌件的安装。

9）长型芯应置于开模方向。

2. UG 分型面确定

在 UG 中分型方法一般有四种，即“硬砍法”、“求差分型”、“抽面切割”、“拉深成型”。其中，“硬砍法”在企业模具设计中应用较多，多用于由长方体、圆柱、球等形状比较规则的几何体组成的塑件分型；“求差分型”多用于单一分型面，且形状简单，孔洞形状规则，易于填补的塑件分型；“抽面切割”适用于各种塑件的分型，UG 中 MouldWizard 模块就是利用该方法进行分型的；“拉深成型”可用于多种塑件的分型。在分型过程中往往要综合运用四种方法。

图 2-5 所示的是利用 UGMouldWizard 创建平面分型面的简单过程。

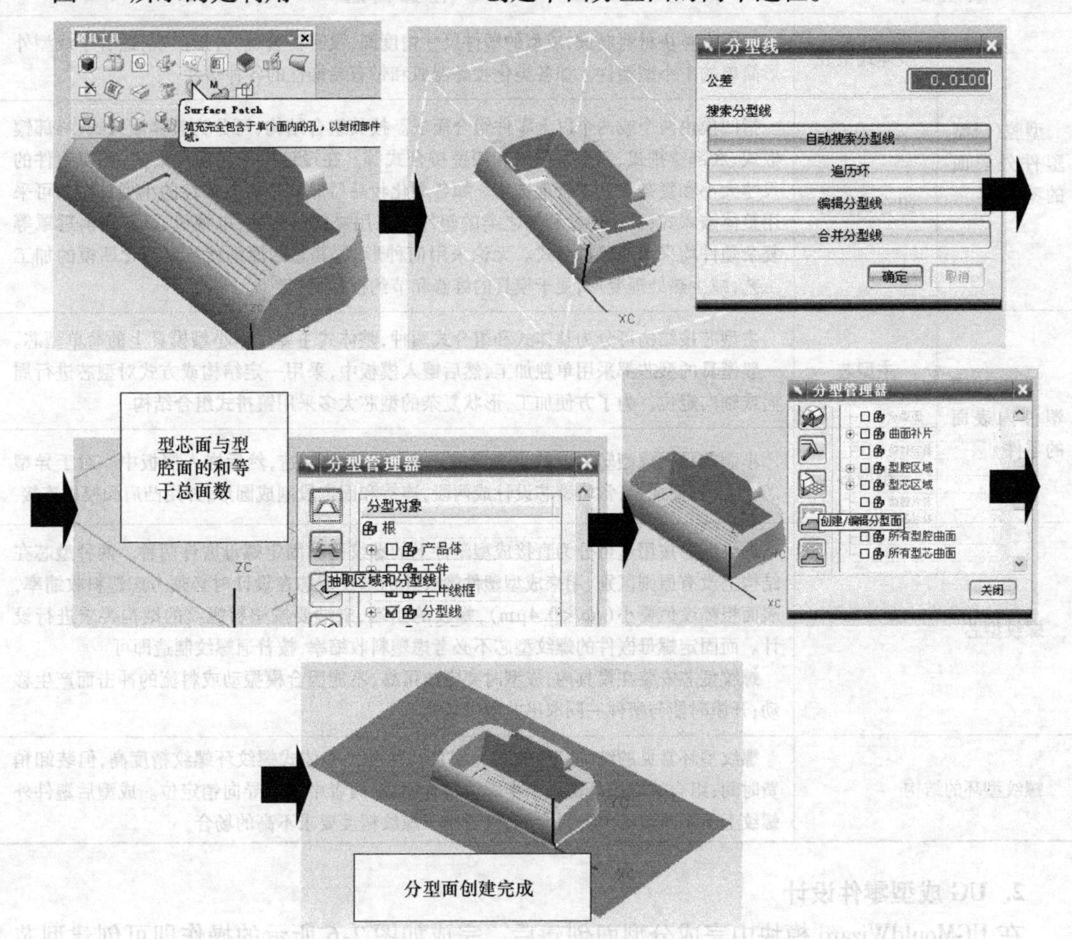

图 2-5　利用 UGMouldWizard 创建分型面

二、成型零件设计

1. 成型零件的定义

模具中确定塑件几何形状和尺寸精度的零件称为成型零件。

成型零件包括型腔、型芯、镶件、成型杆和成型环等。成型过程中成型零件受到熔融塑料的高压作用和料流的冲刷，脱模时与塑件间发生摩擦。因此，成型零件要求有正确的几何形状、较高的尺寸精度和较低的表面粗糙度值，此外还要求成型零件具有合理的结构和良好的加工工艺性，具有足够的强度、刚度和表面硬度。

设计成型零件时，首先应根据塑料的特性和塑件的结构及精度要求，确定型腔的总体结构，选择分型面和浇口位置，确定脱模方式、排气部位和冷却水道的布置等。然后根据成型零件的加工、热处理、装配等要求进行成型零件的结构设计，计算成型零件的工作尺寸，对重要的成型零件进行刚度和强度的校核。

设计成型零件结构时应注意的问题见表2-4。

表2-4　设计成型零件结构时应注意的问题

成型零件		注意问题
型腔（成型塑件外表面的零件）	整体式型腔	型腔由整块材料制成，成型的塑件尺寸精度高，没有拼合缝，外形美观，适合于成型外形简单的中小型塑件。如各类化妆品器皿和带有装饰性的各种塑件
	组合式型腔	指凹模由两个或两个以上零件组合而成。按其组合结构，可分为整体嵌入式、局部镶嵌式、底部镶拼式、侧壁镶拼式和四壁拼合式等。在设计中采用何种形式，要视塑件的尺寸大小和复杂程度来合理选用。如各类化妆品器皿和带有装饰性的小型日用品可采用整体嵌入式；日用的盆和桶之类的塑件可采用局部镶嵌式；电视机、显示器前后罩等复杂塑件均采用四壁拼合式。无论采用何种形式，其总的原则就是要简化凹模的加工工艺，减少热处理变形，便于模具的维修和节约模具材料
型芯（成型塑件内表面的零件）	主型芯	主型芯按结构可分为整体式和组合式两种，整体式主要用于小型模具上的简单型芯。一般模具的型芯都采用单独加工，然后镶入模板中，采用一定结构或方式对型芯进行周向或轴向定位。为了方便加工，形状复杂的型芯大多采用镶拼式组合结构
	小型芯	小型芯是指成型塑件上的小孔或槽。小型芯单独制造，然后嵌入模板中。对于异型芯，为了方便加工，常将型芯设计成两段，连接和固定段制成圆形，并用凸肩和模板连接
螺纹型芯		螺纹型芯按用途可分为直接成型塑件上的螺纹孔和固定螺母嵌件两种。两种型芯在结构上没有原则区别，用来成型塑件螺纹孔的螺纹型芯在设计时必须考虑塑料收缩率，表面粗糙度值要小（$Ra<0.4\mu m$），螺纹的始端、末端要按塑料螺纹的结构要求进行设计。而固定螺母嵌件的螺纹型芯不必考虑塑料收缩率，按普通螺纹制造即可 螺纹型芯安装在模具内，成型时要定位可靠，不能因合模振动或料流的冲击而产生移动；开模时能与塑件一同取出并便于装卸
螺纹型环的结构		螺纹型环常见的结构有整体式和组合式两种。整体式螺纹环螺纹精度高，但装卸稍费时间；组合式螺纹环由两个半螺纹拼合而成，两者中间用导向销定位。成型后塑件外螺纹上留下难以修整的拼合缝，仅适用于螺纹精度要求不高的场合

2. UG成型零件设计

在UGMouldWizard模块中完成分型面创建后，完成如图2-6所示的操作即可创建型芯、型腔，然后对型芯、型腔再设计，拆出便于加工的小型芯或型腔。

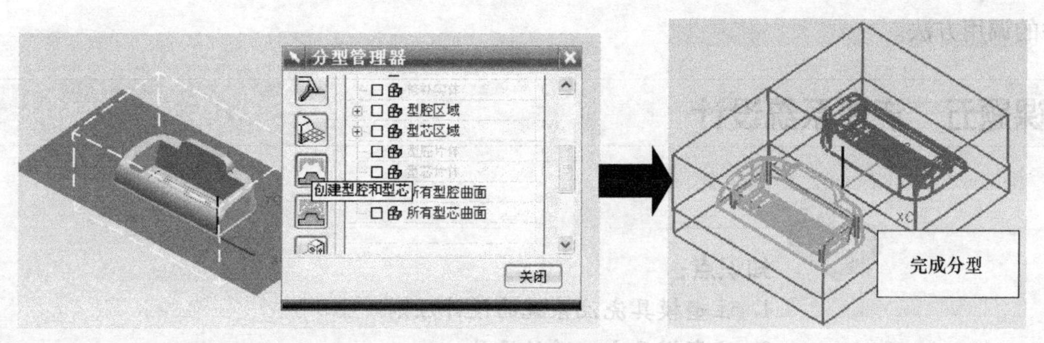

图 2-6 创建型芯型腔

课题四 模架的确定及标准件的选用

知识点：
模架和标准件的选用
能力点：
UG 模架及其标准件的调用

1. 模架的选定

以上设计内容确定之后，模具的基本结构形式已经确定，可根据所定内容确定标准模架的形式、规格及标准代号。

2. 标准件的选用

标准件包括通用标准件及模具专用标准件两大类。通用标准件如紧固件等。模具专用标准件如定位圈、浇口套、推杆、推管、导柱、导套、模具专用弹簧、冷却及加热元件，顺序分型机构及精密定位用标准组合件等。

在设计模具时，应尽可能地选用标准模架和标准件，因为标准件有很大一部分随时可在市场上买到，这对缩短制造周期，降低制造成本是极其有利的。

模架尺寸确定之后，对模具有关零件要进行必要的强度或刚度计算，以校核所选模架是否适当，尤其是对大型模具，这一点尤为重要。

3. UG 模架及标准件的选用

如图 2-7 所示为 UG 模架及标准

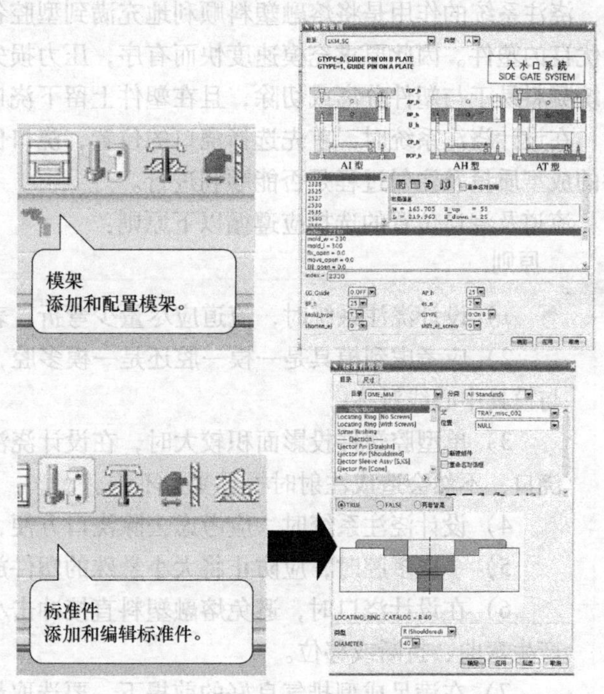

图 2-7 UG 模架及标准件的调用

件的调用方法。

课题五　浇注系统设计

知识点:

1. 注塑模具浇注系统的设计原则
2. 注塑模具主流道的设计
3. 注塑模具分流道的设计
4. 注塑模具浇口的设计
5. 注塑模具冷料穴的设计

能力点:

1. 注塑模具主流道的设计尺寸的计算及其UG绘制
2. 注塑模具分流道的设计尺寸的计算及其UG绘制
3. 注塑模具浇口设计尺寸的计算及其UG绘制
4. 注塑模具冷料穴设计尺寸的计算及其UG绘制

一、浇注系统设计的基本要点

浇注系统的作用是将熔融塑料顺利地充满到型腔各处，以便获得外形轮廓清晰、内在质量优良的塑件。因此要求充模速度快而有序，压力损失小，热量散失少，排气条件好，浇注系统凝料易于与塑件分离或切除，且在塑件上留下浇口痕迹小。

在设计浇注系统时，首先选择浇口的位置，浇口位置的选择恰当与否，将直接关系到塑件的成型质量及注射过程是否能顺利进行。

流道及浇口位置的选择应遵循以下原则：

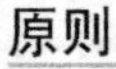

原则

1）设计浇注系统时，流道应尽量少弯折，表面粗糙度为 Ra　0.8～1.6μm。

2）应考虑到模具是一模一腔还是一模多腔，浇注系统应按型腔布局设计，尽量与模具中心线对称。

3）单型腔塑件投影面积较大时，在设计浇注系统时，应避免在模具的单面开设浇口，不然会造成注射时模具受力不均。

4）设计浇注系统时，应考虑去除浇口方便，修正浇口时在塑件上不留痕迹。

5）一模多腔时，应防止将大小悬殊的塑件放在同一副模具内。

6）在设计浇口时，避免熔融塑料直接冲击小直径型芯及嵌件，以免型芯及嵌件产生弯曲、折断或移位。

7）在满足成型排气良好的前提下，要选取最短的流程，这样可缩短填充时间。

8）能顺利地引导熔融塑料填充各个部位，并在填充过程中不致产生熔融塑料涡流、湍流现象，使型腔内的气体顺利排出模外。

9）在成批生产塑件时，在保证产品质量的前提下，要缩短冷却时间及成型周期。

10）若是主流道型浇口，因主流道处有收缩现象，若塑件在这个部位要求精度较高时，主流道应留有加工余量或修正余量。

11）浇口的位置应保证熔融塑料顺利流入型腔，即对着型腔中宽畅、厚壁部位。

12）尽量避免使塑件产生熔接痕，或使塑件的熔接痕位于不重要的部位。

二、流道的设计

1. 流道的设计流程

流道的设计分主流道设计和分流道设计，其设计流程及应注意的问题如下：

主流道设计

主流道是指连接注射机喷嘴与型腔(单型腔模)或分流道的塑料熔体通道，是熔体注入模具最先经过的一段流道。其形状、大小会直接影响熔体的流动速度和注射时间

主流道是一端与注射机喷嘴相接触，另一端与分流道相连的一段带有锥度的圆形流动通道。主流道小端尺寸d应与所选注射机喷嘴尺寸相适应

注意：主流道小端尺寸d=注射机喷嘴尺寸+(0.5～1)mm。主流道长度$L \leqslant 60$mm。主流道锥角一般在2°～4°范围内选取，对黏度大的塑料，仅可取3°～6°

主流道衬套的形式

主流道小端入口处与注射机喷嘴反复接触，属易损件，对材料要求较严格。因而主流道部分常设计成可拆卸更换的主流道衬套形式(浇口套)，以便有效地选用优质钢材单独进行加工和热处理。一般采用碳素工具钢，如T8A、T10A等，热处理硬度为53～57HRC。主流道衬套和定位圈设计成整体式用于小型模具，中大型模具设计成分体式。在设计中应选用标准件

分流道设计

在多型腔或单型腔多浇口(塑件尺寸大)时应设置分流道，分流道是指主流道末端与浇口之间这一段塑料熔体的流动通道。它是浇注系统中塑料熔体由主流道流入型腔前，通过截面积的变化及流向变换以获得平稳流态的过渡段。因此，分流道设计应满足良好的压力传递和保持理想的充填状态等要求，并在流动过程中压力损失尽可能小，能将塑料熔体均衡地分配到各个型腔

圆形流道：圆形流道表面积小，热量损失和流动阻力较小，但流道应分别开设在动、定模两个部分，对机械加工精度要求比较高。对于流动性不太好的塑料或薄壁塑件，通常采用圆形流道，这样可减小熔体的流动阻力和热量损失

梯形流道：工程设计中常采用梯形截面流道，这种流道加工工艺性好，且塑料熔体的热量散失、流动阻力均较小，一般采用下面的经验公式可确定其截面尺寸，即

$$B=0.2654\sqrt{m}\sqrt[4]{L} \tag{2-7}$$

$$H=(\frac{2}{3}-\frac{3}{4})B \tag{2-8}$$

式中 B —— 梯形大底边的宽度(mm)；

m —— 塑件的质量(g)；

L —— 分流道的长度(mm)；

H —— 梯形的高度(mm)。

注意：梯形的侧面斜角常取5°～10°，在应用式(2-7)时应注意它的适用范围，即塑件厚度在3.2mm以下，质量小于200g，且计算结果在3.2～9.5mm范围内才合理；对于高黏度物料，如PVC和丙烯酸等，应适当扩大25%。

2. 分流道设计的各种问题（表2-5）

表2-5 分流道设计的各种问题

分流道设计	解决方案
影响分流道设计的因素	• 塑件的几何形状、壁厚、尺寸大小及尺寸的稳定性，内在质量及外观质量的要求 • 塑料的种类，即塑料的流动性、收缩率、熔融温度、熔融温度区间和固化温度 • 注射机的压力、加热温度及注射速度 • 主流道及分流道的脱落方式 • 型腔的布置、浇口的位置及浇口的形式选择
对分流道的要求	• 塑料流经分流道时的压力损失要小 • 分流道的固化时间应大于塑件的固化时间，以利于压力的传递及保压 • 保证熔融塑料迅速而均匀地进入各个型腔，平衡式分流道如图2-3所示 • 分流道的长度应尽可能短，其容积要小 • 便于加工及刀具的选择 • 每节分流道尺寸要比下一节分流道大10%～20%，如图2-8所示，$D=(1.1\sim1.2)d$
分流道长度	长度应尽量短，且少弯折
分流道表面粗糙度	一般取0.63～1.6μm即可
分流道布置形式	分流道在分型面上的布置与前面所述型腔排列密切相关，有多种不同的布置形式，但应遵循两方面原则：一方面排列紧凑、缩小模具板面尺寸；另一方面流程尽量短、锁模力力求平衡
分流道的修正	在同一副模具上成型两种大小不同的塑件时，为了保证在注射时熔融塑料能同时充满大小不同的型腔，这时单使用修正浇口大小的方法，不一定能达到均衡充模的效果。必要时，需对分流道进行修正

部分塑料常用分流道尺寸推荐范围见表2-6。

表2-6 部分塑料常用分流道尺寸推荐范围

塑料名称	分流道断面直径/mm	塑料名称	分流道断面直径/mm
ABS、AS	4.8～9.5	聚苯乙烯	3.5～10
聚乙烯	1.6～9.5	软聚氯乙烯	3.5～10
尼龙类	1.6～9.5	硬聚氯乙烯	6.5～16
聚甲醛	3.5～10	聚氨酯	6.5～8.0
丙烯酸塑料	8～10	热塑性聚酯	3.5～8.0
抗冲击丙烯酸塑料	8～12.5	聚苯醚	6.5～10
醋酸纤维素	5～10	聚砜	6.5～10
聚丙烯	5～10	离子聚合物	2.4～10
异质同晶体	8～10	聚苯硫醚	6.5～13

注：本表所列数据，对于非圆形分流道，可作为当量半径，并乘以比1稍大的系数。

3. UGMould Wizard 主流道及分流道的绘制

UGMould Wizard 模块中主流道及分流道绘制流程图如图2-9所示。

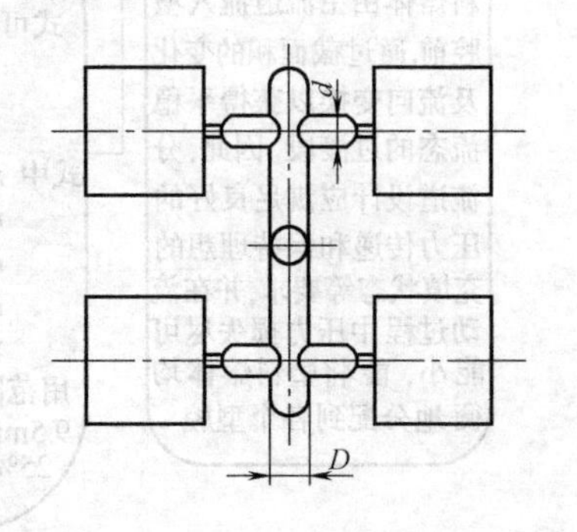

图2-8 分流道尺寸

三、浇口的设计

1. 浇口的作用

浇口也称进料口，是连接分流道与型腔的通道，除直接浇口外，它是浇注系统中截面尺寸最小的部分，但却是浇注系统的关键部分。浇口的位置、形状及尺寸对塑件性

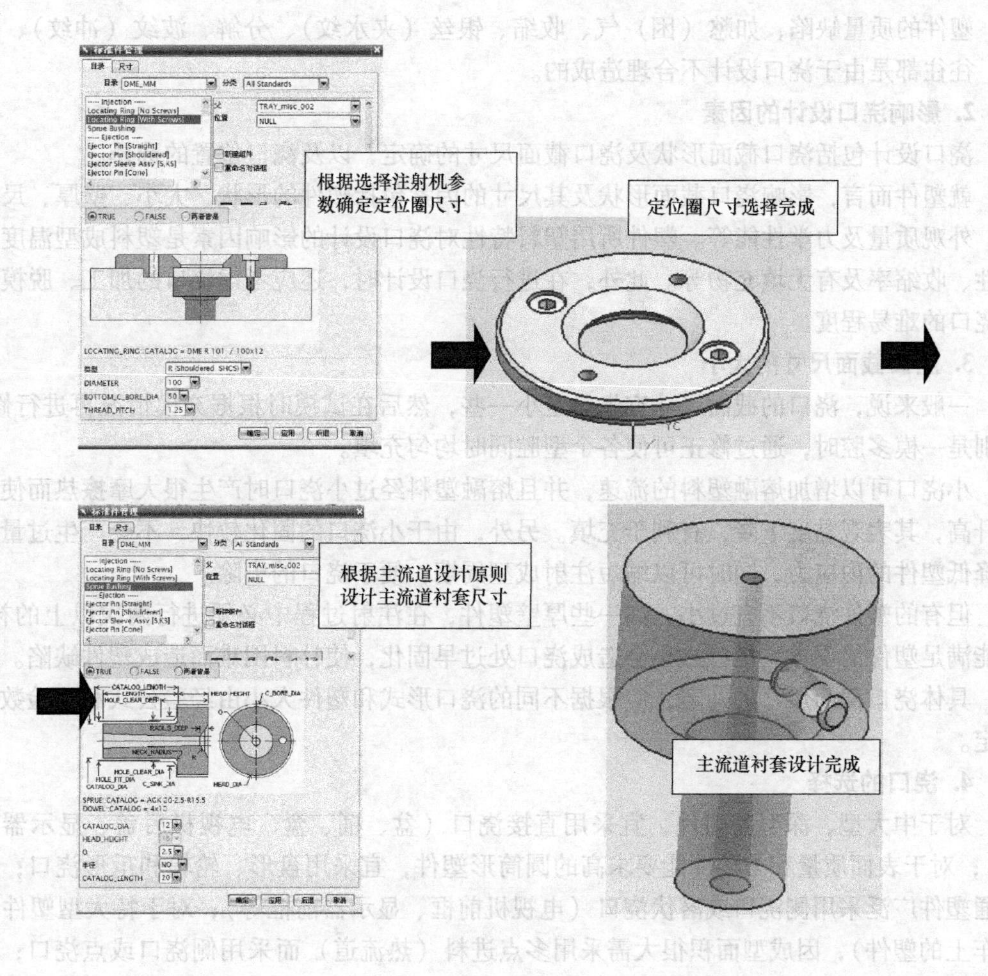

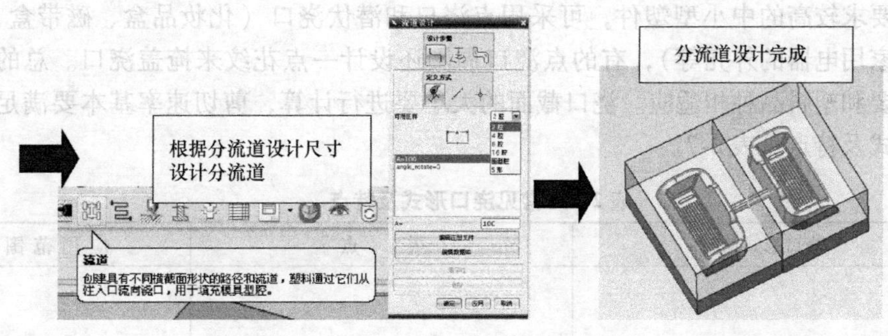

图2-9 主流道及分流道绘制流程图

能和质量的影响很大。浇口的作用是使从流道流入的熔融塑料以较快的速度进入并充满型腔，型腔充满熔融塑料以后，浇口应按要求迅速冷却封闭，防止型腔内尚未冷却的熔融塑料回流。

浇口的设计与塑件的形状、截面尺寸、模具结构、注射工艺参数（压力等）及塑料性能等因素有关。浇口的截面尺寸要小、长度要短，这样才能增大料流速度，快速冷却封闭，便于与塑件分离或切除，且浇口的痕迹应不明显。

塑件的质量缺陷，如憋（困）气、收缩、银丝（夹水纹）、分解、波纹（冲纹）、变形等，往往都是由于浇口设计不合理造成的。

2. 影响浇口设计的因素

浇口设计包括浇口截面形状及浇口截面尺寸的确定，以及浇口位置的选择。

就塑件而言，影响浇口截面形状及其尺寸的因素包括塑件的形状、大小、壁厚、尺寸精度、外观质量及力学性能等。塑件所用塑料特性对浇口设计的影响因素是塑料成型温度、流动性、收缩率及有无填充物等。此外，在进行浇口设计时，还应考虑浇口的加工、脱模及清除浇口的难易程度。

3. 浇口截面尺寸的大小

一般来说，浇口的截面尺寸宜先确定小一些，然后在试模时根据充模情况再进行修正。特别是一模多腔时，通过修正可使各个型腔同时均匀充填。

小浇口可以增加熔融塑料的流速，并且熔融塑料经过小浇口时产生很大摩擦热而使其温度升高，其表观黏度下降，有利于充填。另外，由于小浇口的固化较快，不会产生过量补缩而降低塑件的内应力，同时可以缩短注射成型周期，便于浇口的去除。

但有的塑件浇口不宜过小，如一些厚壁塑件，在注射过程中必须进行两次以上的补压，才能满足塑件的要求，浇口过小会造成浇口处过早固化，使补料困难而造成塑件缺陷。

具体浇口截面尺寸的确定，应根据不同的浇口形式和塑件大小由经验公式和经验数据来确定。

4. 浇口的选择

对于中大型、深型腔塑件，宜采用直接浇口（盆、桶、盒、电视机后盖、显示器后壳等）；对于表面质量和力学性能要求高的圆筒形塑件，宜采用盘形、轮辐和爪形浇口；对于普通塑件广泛采用侧浇口或潜伏浇口（电视机前框、显示器前框等）；对于特大型塑件（如汽车上的塑件），因成型面积很大需采用多点进料（热流道）而采用侧浇口或点浇口；对于外表面质量要求较高的中小型塑件，可采用点浇口和潜伏浇口（化妆品盒、磁带盒、仪器仪表和各种家用电器的外壳等），有的点浇口周围还设计一点花纹来掩盖浇口。总的来说，浇口形式还要和塑料品种相适应。浇口截面的大小要进行计算，剪切速率基本要满足要求。常见浇口形式及特点见表 2-7。

表 2-7 常见浇口形式及特点

名称	浇口形式简图	特　点	应用范围
直接浇口	d D 1 2 1—塑件 2—分型面	它在单型腔模中，熔融塑料直接流入型腔，因而压力损失小，进料速度快，成型比较容易，又称主流道型浇口。另外，它传递压力好，保压补缩作用强，模具结构简单紧凑，制造方便。但去除浇口困难	适合各种塑料成型，尤其加工热敏性及高黏度材料，成型高质量的大型或深腔壳体、箱型塑件

（续）

名称	浇口形式简图	特　点	应用范围
侧浇口	1—主流道　2—分流道　3—浇口　4—塑件　5—分型面	它一般在分型面上，从塑件的外侧进料。侧浇口是典型的矩形截面浇口，能方便地调整充模时的剪切速率和封闭时间，故也称标准浇口，又称边缘浇口。它截面形状简单，加工方便；浇口位置选择灵活，去除浇口方便、痕迹小。塑件容易形成熔接纹、缩孔、凹陷等缺陷，注射压力损失较大，对壳体件排气不良	广泛用于两板式多型腔模具以及断面尺寸较小的塑件
盘形浇口	1　0.25～0.6	它是直接浇口的变异形式，熔融塑料从中心的环形四周进料，塑件不会产生熔接纹，型芯受力均匀，空气能够顺利排出，又称薄板浇口。缺点是浇口去除困难	广泛用于内孔较大的圆桶形塑件
轮辐式浇口	A—A　1.6～6.4　0.8～1.8	它是盘式浇口的改进型，是将圆周进料改成几小股浇口进料，这样去除浇口较方便，浇注系统凝料也较少	主要用于圆桶形、扁平和浅杯形塑件的成型
扇形浇口	h　0.25～0.45　L　b　R=1.0～1.5	它是逐渐展开的浇口，是侧浇口的变异形式。当侧浇口成型大型平板状塑件浇口宽度太小时，则改用扇形浇口。浇口沿进料方向逐渐变宽，厚度逐渐减至最薄。熔融塑料可在宽度方向得到均匀分配，可降低塑件内应力，减小翘曲变形，型腔排气良好	常用于多型腔模具，用来成型宽度较大的板状类塑件

（续）

名称	浇口形式简图	特点	应用范围
薄片浇口	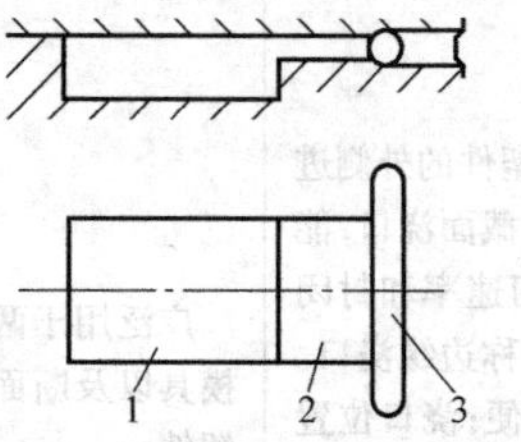 1—塑件　2—浇口　3—分流道	它是侧浇口的变异形式，薄片浇口的浇道与塑件平行，其长度等于或小于塑件的宽度。它能使熔融塑料以较低的速度均匀平稳地进入型腔，呈平行流动，避免平板塑件变形，减小内应力。浇口切除困难，必须用专用工具	应用于大面积扁平塑件 对透明度和平面度有要求，表面不允许有流痕的片状塑件尤为适宜

5. 各种浇口尺寸的计算

各种浇口尺寸的经验数据及经验计算公式见表2-8。

表2-8　各种浇口尺寸的经验数据及经验计算公式

浇口形式		经验数据	经验计算公式	备注
直浇口	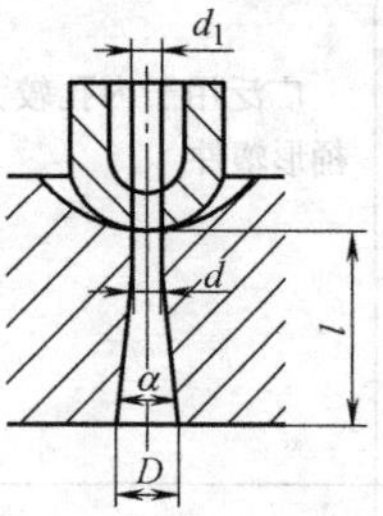	$d=d_1+(0.5+1.0)$ $\alpha=2°\sim6°$ $D\leqslant 2t$ $l<60$mm 为佳		d_1——注射机喷嘴孔径； α——流动性差的塑料取3°~6°； t——塑件壁厚
盘形浇口	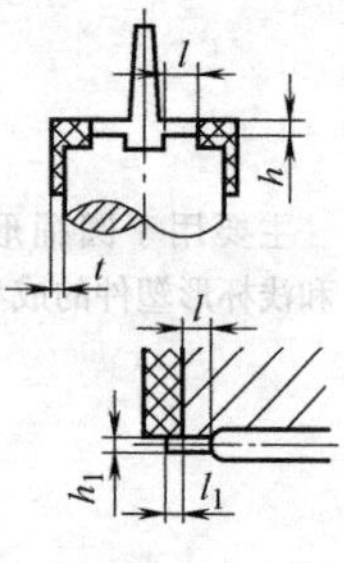	$l=0.75\sim1.0$mm $h=0.25\sim1.6$mm	$h=0.7nt$ $h_1=nt$ $l_1\geqslant h_1$	
护耳浇口	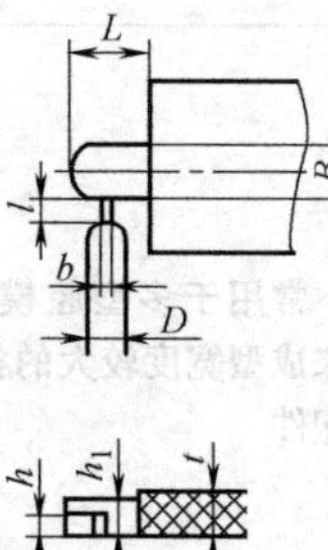	$L\geqslant1.5D$ $B=D$ $B=(1.5\sim2)h_1$ $h_1=0.9t$ $h=0.7t=(0.78h_1)$ $l\geqslant15$mm	$h=nt$ $b=\dfrac{n\sqrt{A}}{30}$	

（续）

浇口形式		经验数据	经验计算公式	备注
潜伏浇口		$l=0.7\sim1.3\text{mm}$ $L=2\sim3\text{mm}$ $\alpha=25°\sim45°$ $\beta=15°\sim25°$ $d=0.3\sim2\text{mm}$ L_1保持最小值	$d=nk\sqrt[4]{A}$	α——软质塑料$\alpha=30°\sim45°$，硬质塑料$\alpha=25°\sim30°$； L——允许条件下尽量取最大值，当$L<2$时采用二次浇口
点浇口		$l_1=0.5\sim0.75\text{mm}$ 有倒角C时取 $l_1=0.75\sim2\text{mm}$ $C=R0.3$或$0.3\times45°$ $d=0.3\sim2\text{mm}$ $\alpha=2°\sim4°$ $\alpha_1=6°\sim15°$ $L<2L_0/3$ $\delta=0.3\text{mm}$ $D_1\leqslant D$	$d=nk\sqrt[4]{A}$	为了方便去除浇口，可取$l_1=0.5\sim2\text{mm}$
侧浇口		$\alpha=2°\sim6°$ $\alpha_1=2°\sim3°$ $b=1.5\sim5\text{mm}$ $h=0.5\sim2\text{mm}$ $l=0.5\sim0.75\text{mm}$ $r=1\sim3\text{mm}$ $C=R0.3$或$0.3\times45°$	$h=nt$ $b=\frac{n\sqrt{A}}{30}$	n——塑料系数，由塑料性质决定，见表注； t——为了方便去除浇口，可取$t=0.7\sim2.5\text{mm}$。
薄片浇口		$b=(0.75\sim1.0)B$ $h=0.25\sim0.65\text{mm}$ $l=0.65\sim1.5\text{mm}$ $C=R0.3$或$0.3\times45°$	$h=0.7nt$	

（续）

浇口形式		经验数据	经验计算公式	备　注
扇形浇口		$b=6\sim B/4$ $h=0.25\sim1.6\text{mm}$ $l=1.3\text{mm}$ $C=R0.3$ 或 $0.3\times45^\circ$	$h_1=nt$ $h_2=\dfrac{bh_1}{D}$ $b=\dfrac{n\sqrt{A}}{30}$	浇口截面积不能大于流道截面积
环形浇口		$l=0.75\sim1.0\text{mm}$	$h=0.7nt$	

注：1. A 为型腔表面积（mm^2）。

2. n 为塑料系数，由塑料性质决定，通常对 PE、PS　$n=0.6$；对 POM、PC、PP　$n=0.7$；对 PA、PMMA　$n=0.8$；对 PVC　$n=0.9$。

3. k 为系数，塑件壁厚的函数，$k=0.206$，k 值适用于 $t=0.75\sim2.5\text{mm}$。

侧浇口与点浇口的推荐值见表 2-9。

表 2-9　侧浇口与点浇口的推荐值

塑件壁厚/mm	侧浇口截面积/mm^2		点浇口直径 d/mm	浇口长度 l/mm
	深度 h/mm	宽度 b/mm		
<0.8	~0.5	~1.0		
0.8~2.4	0.5~1.5	0.8~2.4	0.8~1.3	
2.4~3.2	1.5~2.2	2.4~3.3		1.0
3.2~6.4	2.2~2.4	3.3~6.4	1.0~3.0	

6. UG 浇口设计

如图 2-10 所示为 UG 浇口设计。

四、冷料穴的设计

在完成一次注射循环的时间内，考虑到注射机喷嘴和主流道入口部分的熔融塑料因辐射散热而低于所要求的温度，从喷嘴端部到注射机料筒以内 10~25mm 的深度范围中有温度逐渐升高的区域，之后才达到正常的熔融塑料温度。位于这一区域内的塑料的流动性能及成型性能不佳，如果冷料在这段温度内进入型腔，便会产生次品。为克服这一影响，用一个井穴将主流道延长以接收冷料，防止冷料进入浇注系统的流道和型腔，把用来储存熔融塑料的前端冷料，直接对着主流道的孔或分流道延伸段的槽称为冷料穴（冷料井）。

冷料穴一般开设在主流道对面的动模板上（也即塑料流动的转向处），其公称直径与主

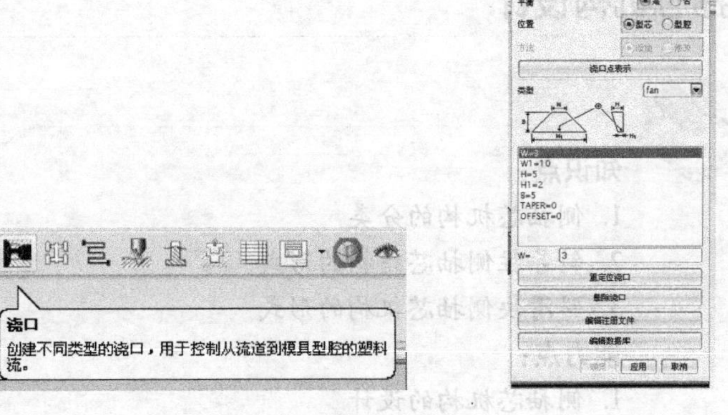

图2-10 UG浇口设计

流道大端直径相同或略大一些，深度为直径的1~1.5倍，最终要保证冷料的体积小于冷料穴的体积。冷料穴有6种形式，常用的是端部为Z字形拉料杆的形式，具体形式要根据塑料性能和模具结构形式合理选用。

对于热塑性塑料注射模来说，模具温度对熔融塑料都起冷却作用，在分流道中流动的前锋熔融塑料温度都不太高。这股前锋冷料若进入型腔，对塑件质量会产生不良影响，特别是对于薄壁型塑件、精密塑件，各分流道的转折处都应设有相应的分流道冷料穴。如图2-11所示是各种冷料穴拉料杆的形式。

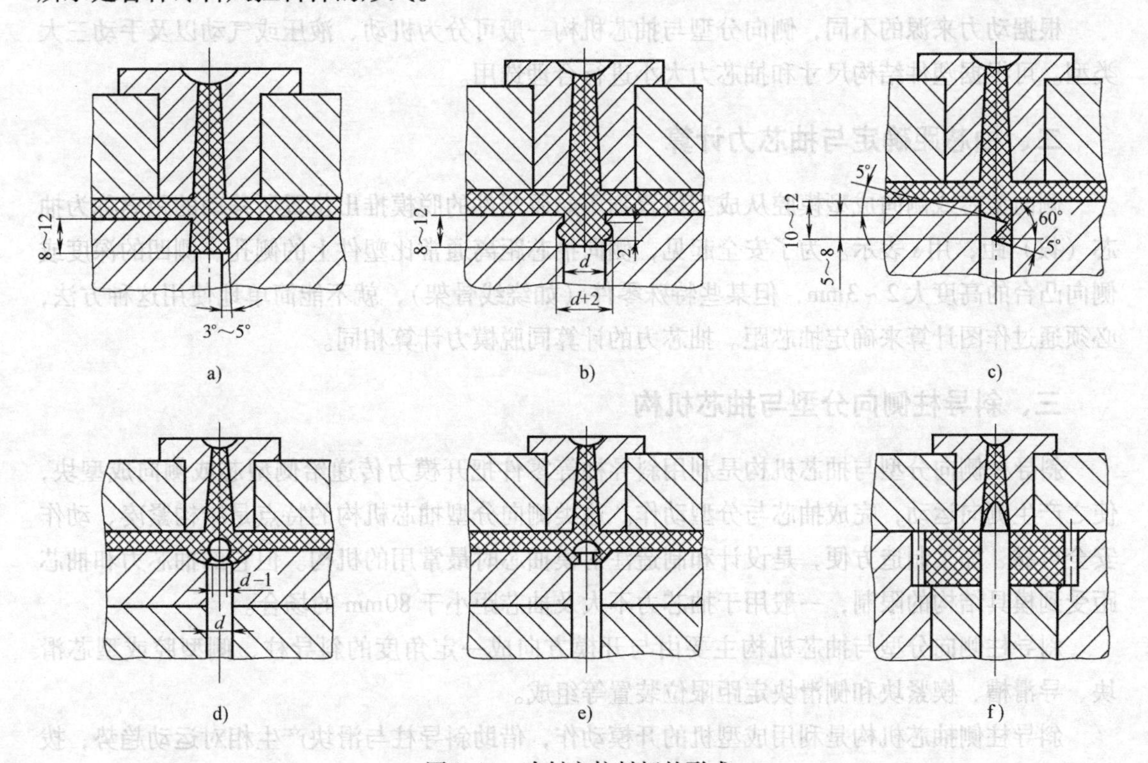

图2-11 冷料穴拉料杆的形式

a）倒锥孔冷料穴 b）圆环槽冷料穴 c）Z形拉料杆及冷料穴 d）球头形拉料杆及冷料穴

e）菌头形拉料杆及冷料穴 f）圆锥头形拉料杆

课题六　侧抽芯机构设计

知识点：

1. 侧抽芯机构的分类
2. 斜导柱侧抽芯结构的形式
3. 斜滑块侧抽芯机构的形式

能力点：

1. 侧抽芯机构的设计
2. 斜导柱侧抽芯结构的设计及UG绘制
3. 斜滑块侧抽芯机构的设计及UG绘制

当注射成型侧壁带有孔、凹穴、凸台等的塑件时，在模具上成型该处的零件必须可侧向移动，以便在脱模之前先抽掉侧向成型零件，否则就无法脱模。带动侧向成型零件作侧向移动（抽拔与复位）的整个机构称为侧向分型与抽芯机构。

一、侧向分型与抽芯机构的分类

根据动力来源的不同，侧向分型与抽芯机构一般可分为机动、液压或气动以及手动三大类型。可根据塑件结构尺寸和抽芯力大小进行合理选用。

二、抽芯距确定与抽芯力计算

侧向型芯或侧向成型模腔从成型位置到不妨碍塑件的脱模推出位置所移动的距离称为抽芯（拔）距，用s表示。为了安全起见，侧向抽芯距离通常比塑件上的侧孔、侧凹的深度或侧向凸台的高度大2～3mm，但某些特殊零件（如绕线骨架），就不能简单地使用这种方法，必须通过作图计算来确定抽芯距。抽芯力的计算同脱模力计算相同。

三、斜导柱侧向分型与抽芯机构

斜导柱侧向分型与抽芯机构是利用斜导柱等零件把开模力传递给侧型芯或侧向成型块，使之产生侧向运动，完成抽芯与分型动作。这类侧向分型抽芯机构的特点是结构紧凑、动作安全可靠、加工制造方便，是设计和制造注射模抽芯时最常用的机构。但它的抽芯力和抽芯距受到模具结构的限制，一般用于抽芯力不大及抽芯距小于80mm的场合。

斜导柱侧向分型与抽芯机构主要由与开模方向成一定角度的斜导柱、侧型腔或型芯滑块、导滑槽、楔紧块和侧滑块定距限位装置等组成。

斜导柱侧抽芯机构是利用成型机的开模动作，借助斜导柱与滑块产生相对运动趋势，拨动面B拨动滑块使滑块沿开模方向及水平方向运动，使之脱离倒钩，如图2-12所示。斜导柱锁紧方式及使用场合见表2-10。

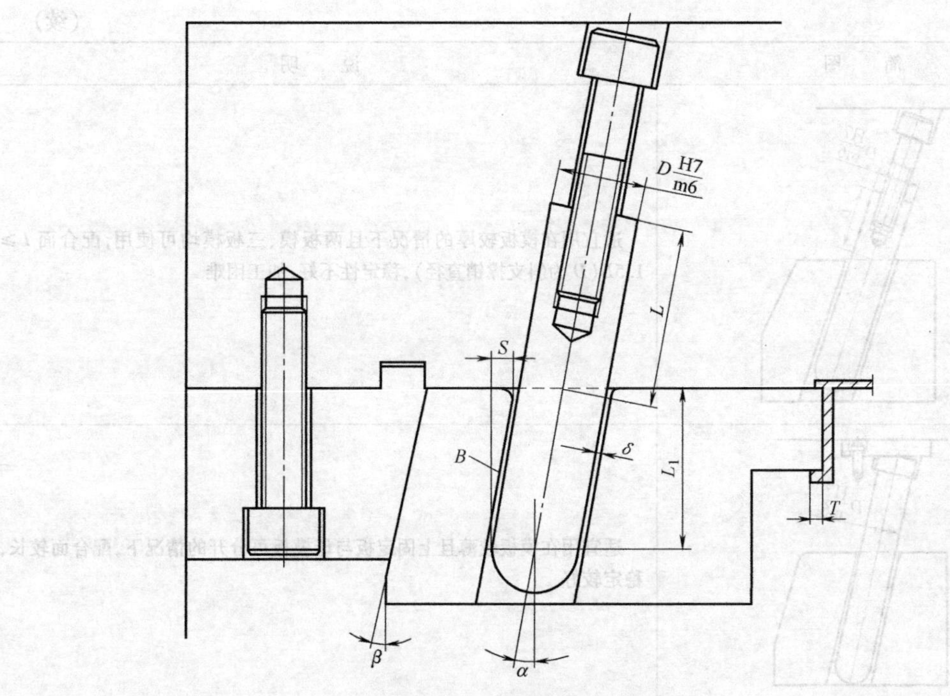

图 2-12 斜导柱侧抽芯机构

表 2-10 斜导柱锁紧方式及使用场合

简 图	说 明
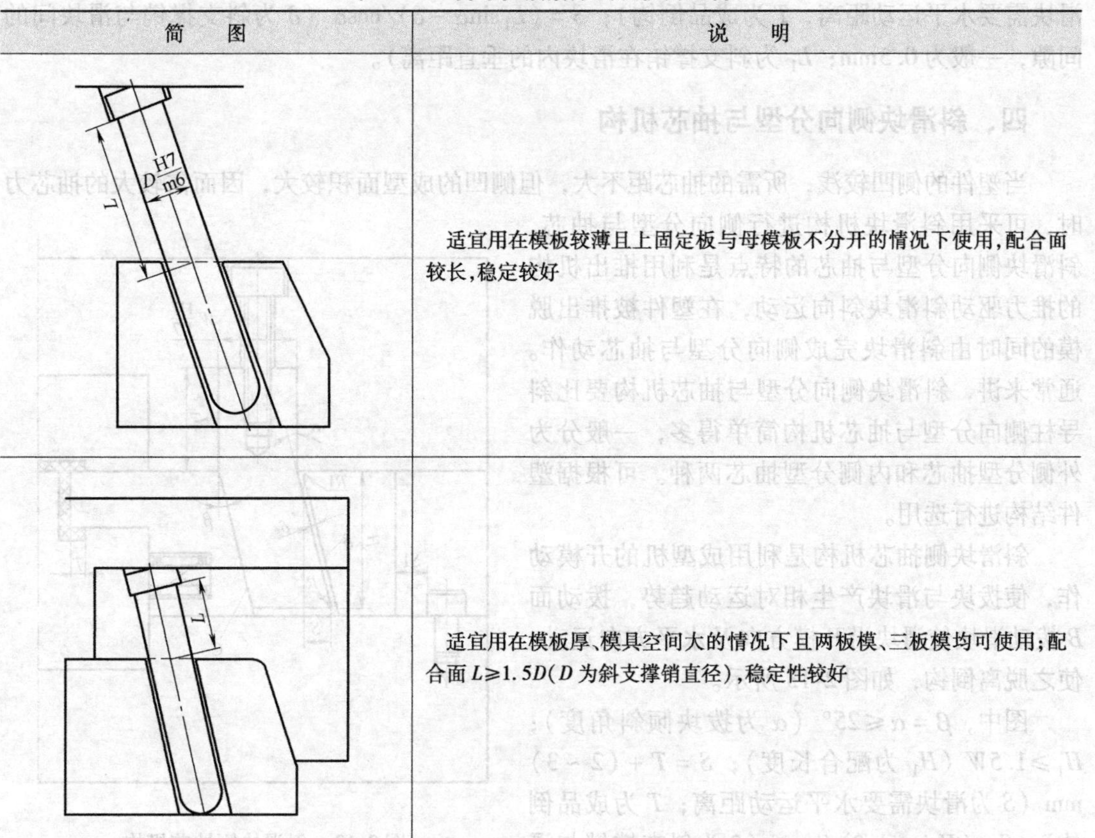	适宜用在模板较薄且上固定板与母模板不分开的情况下使用,配合面较长,稳定较好
	适宜用在模板厚、模具空间大的情况下且两板模、三板模均可使用;配合面 $L \geqslant 1.5D$(D为斜支撑销直径),稳定性较好

（续）

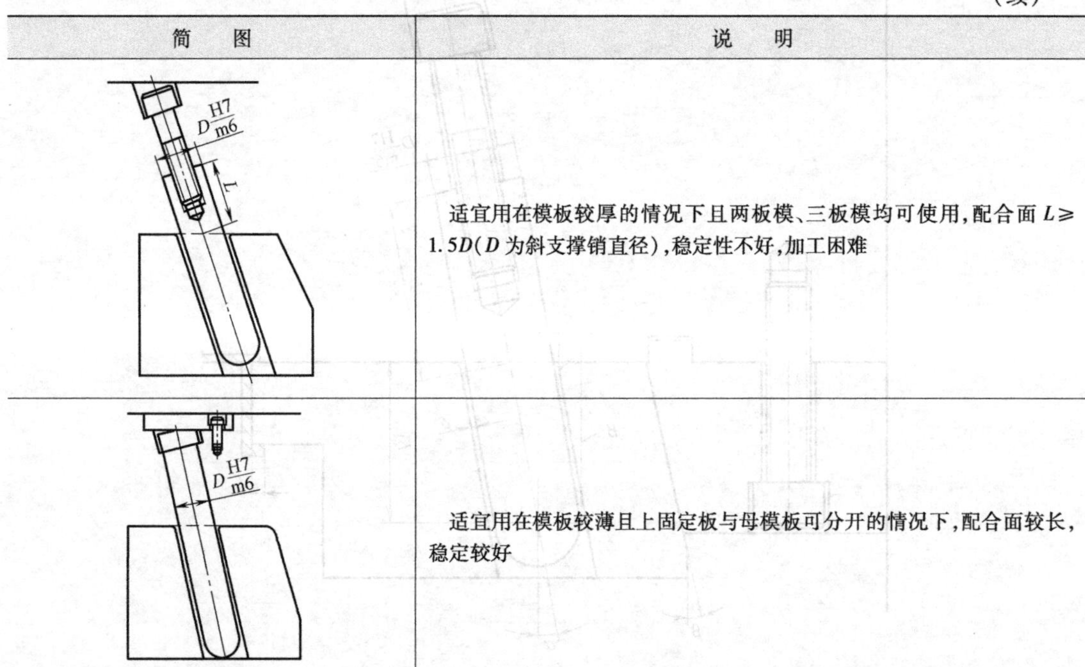

简　图	说　明
	适宜用在模板较厚的情况下且两板模、三板模均可使用，配合面 $L\geqslant 1.5D$（D 为斜支撑销直径），稳定性不好，加工困难
	适宜用在模板较薄且上固定板与母模板可分开的情况下，配合面较长，稳定较好

$\alpha\leqslant25^\circ$（α 为斜撑销倾斜角度）；$L=1.5D$（L 为配合长度）；$S=T+(2\sim3)\text{mm}$（S 为滑块需要水平运动距离，T 为成品倒钩）；$S=(L_1\sin\alpha-\delta)/\cos\alpha$（$\delta$ 为斜支撑销与滑块间的间隙，一般为0.5mm；L_1 为斜支撑销在滑块内的垂直距离）。

四、斜滑块侧向分型与抽芯机构

当塑件的侧凹较浅，所需的抽芯距不大，但侧凹的成型面积较大，因而需较大的抽芯力时，可采用斜滑块机构进行侧向分型与抽芯。斜滑块侧向分型与抽芯的特点是利用推出机构的推力驱动斜滑块斜向运动，在塑件被推出脱模的同时由斜滑块完成侧向分型与抽芯动作。通常来讲，斜滑块侧向分型与抽芯机构要比斜导柱侧向分型与抽芯机构简单得多，一般分为外侧分型抽芯和内侧分型抽芯两种。可根据塑件结构进行选用。

斜滑块侧抽芯机构是利用成型机的开模动作，使拨块与滑块产生相对运动趋势，拨动面 B 拨动滑块使滑块沿开模方向及水平方向运动，使之脱离倒钩，如图2-13所示。

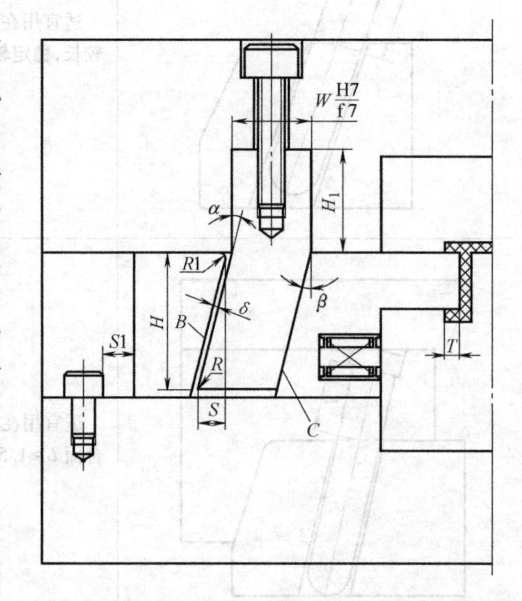

图2-13　斜滑块侧抽芯机构

图中，$\beta=\alpha\leqslant25^\circ$（$\alpha$ 为拨块倾斜角度）；$H_1\geqslant1.5W$（H_1 为配合长度）；$S=T+(2\sim3)$ mm（S 为滑块需要水平运动距离；T 为成品倒钩）；$S=(H\sin\alpha-\delta)/\cos\alpha$（$\delta$ 为斜支撑销与滑

块间的间隙，一般为0.5mm；H为拨块在滑块内的垂直距离）；C为止动面，所以拨块形式一般不需装止动块（不能有间隙）。

五、滑块机构的锁紧及定位方式

由于制品在注射时产生很大的压力，为防止滑块与活动芯受到压力而位移，从而影响成品的尺寸及外观（如毛边），因此滑块应采用锁紧定位，通常称此机构为止动块或后跟块。常用的锁紧方式见表2-11。

表2-11 常用的锁紧方式

简图	说明	简图	说明
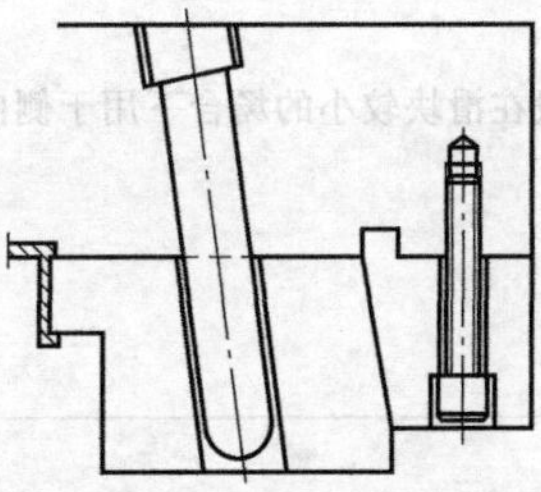	滑块采用镶拼式锁紧方式，通常可用标准件，可查标准零件表。结构强度好，适用于锁紧力较大的场合	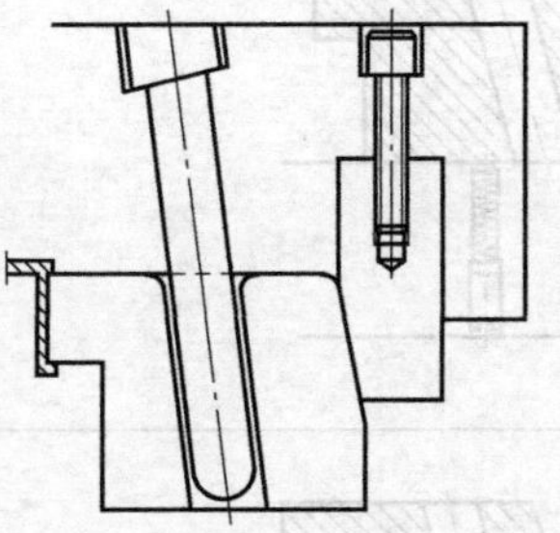	采用嵌入式锁紧方式，适用于较宽的滑块
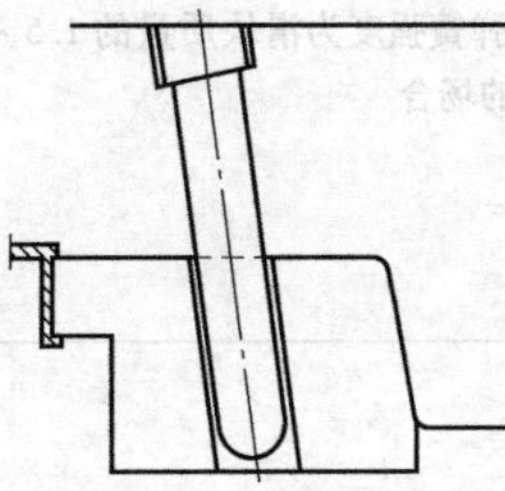	滑块采用整体式锁紧方式，结构刚性好，但加工困难，脱模距小，适用于小型模具	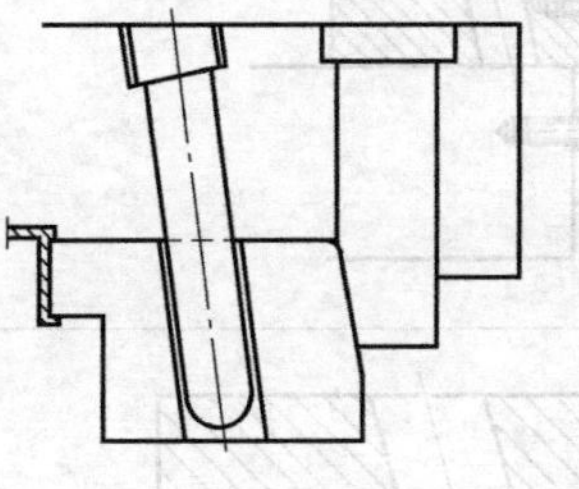	采用嵌入式锁紧方式，适用于较宽的滑块
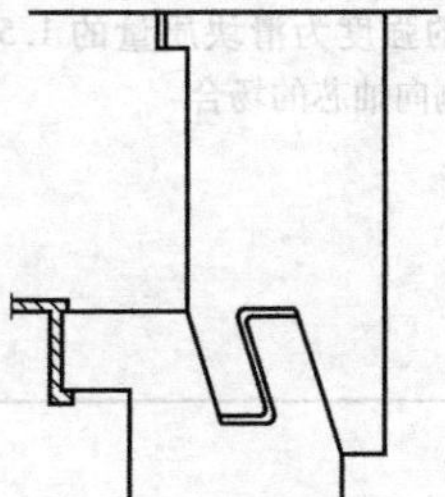	采用拨动兼止动，稳定性较差，一般用在滑块空间较小的情况下	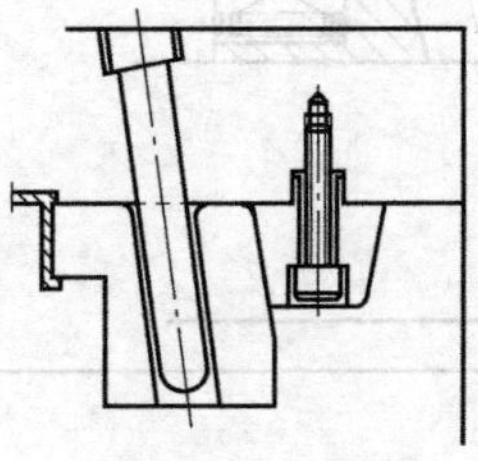	采用镶拼式锁紧方式，刚性较好一般适用于空间较大的场合

六、滑块的定位方式

滑块在开模过程中要运动一定距离，因此，要使滑块能够安全回位，必须给滑块安装定位装置，且定位装置必须灵活可靠，保证滑块在原位不动。但特殊情况下可不采用定位装置，如左右侧跑滑块，但有时为了安全起见，仍然要装定位装置，常用的滑块定位装置见表2-12。

表 2-12 常用的滑块定位装置

简 图	说 明
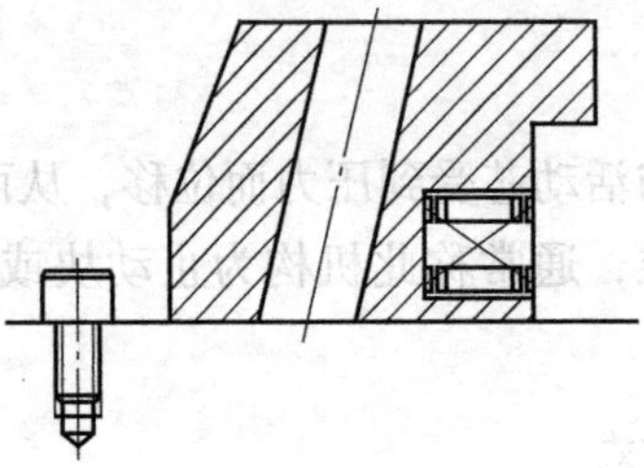	利用弹簧螺钉定位，弹簧强度为滑块质量的 1.5 ~ 2 倍，常用于向上和侧向抽芯的场合
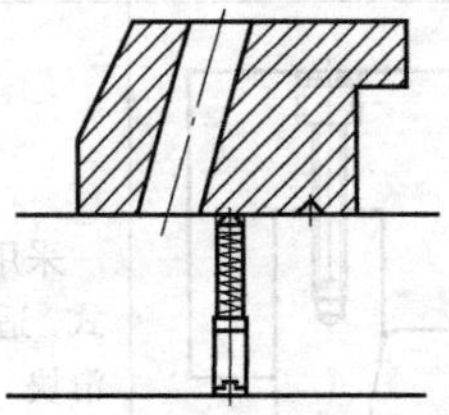	利用弹簧钢球定位，一般在滑块较小的场合下用于侧向抽芯
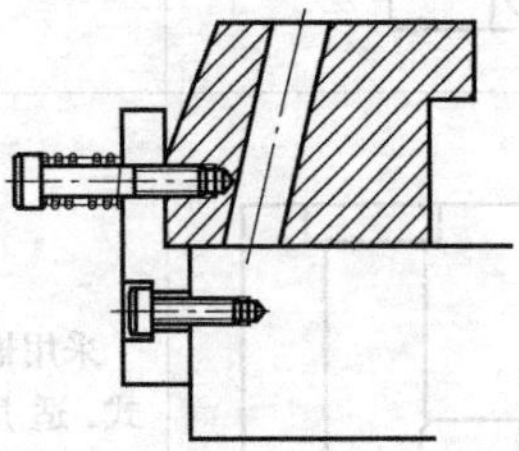	利用弹簧螺钉和挡板定位，弹簧强度为滑块质量的 1.5 ~ 2 倍，适用于向上和侧向抽芯的场合
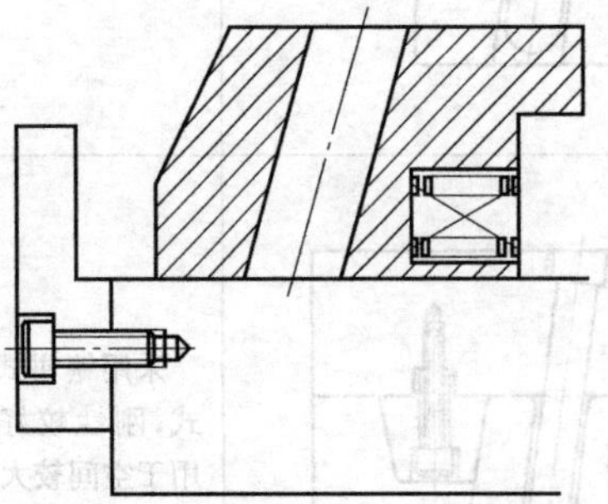	利用弹簧挡板定位，弹簧的强度为滑块质量的 1.5 ~ 2 倍，适用于滑块较大，向上和侧向抽芯的场合

七、滑块与侧抽芯的连接方式

滑块头部的连接方式由成品决定，对于不同的成品滑块侧抽芯的连接方式也不相同，具体的连接方式见表 2-13。

八、滑块的导滑形式

滑块在导滑中，活动必须顺利、平稳，才能保证滑块在模具生产中不发生卡滞或跳动现象，否则会影响成品质量和模具寿命等。常用的导滑形式见表 2-14。

表 2-13 滑块与侧抽芯连接方式

简图	说明	简图	说明
	滑块采用整体式结构，一般适用于型芯较大，强度较好的场合		采用螺钉固定，一般用在使用圆形型芯，且型芯较小的场合
	采用螺钉的固定形式，一般在型芯成方形结构且型芯不大的场合下使用		采用压板固定，适用于固定多型芯

表 2-14 常用的导滑形式

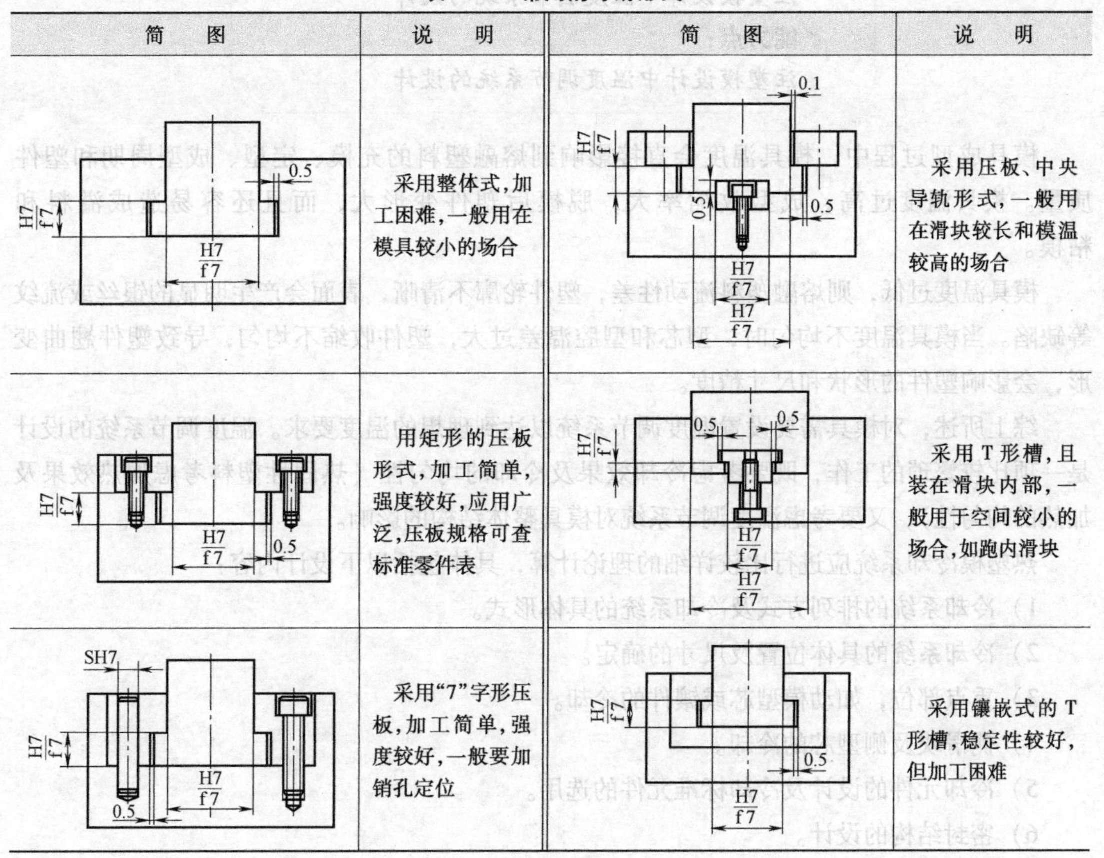

简图	说明	简图	说明
	采用整体式，加工困难，一般用在模具较小的场合		采用压板、中央导轨形式，一般用在滑块较长和模温较高的场合
	用矩形的压板形式，加工简单，强度较好，应用广泛，压板规格可查标准零件表		采用 T 形槽，且装在滑块内部，一般用于空间较小的场合，如跑内滑块
	采用“7”字形压板，加工简单，强度较好，一般要加销孔定位		采用镶嵌式的 T 形槽，稳定性较好，但加工困难

九、其他侧向分型与抽芯机构

1. 弹性元件侧抽芯机构

当塑件上的侧凹很浅或者侧壁处有小的凸起，且侧向成型零件所需的抽芯力和抽芯距都不大时，可以采用弹性元件侧向抽芯机构，如弹簧、聚氨酯橡胶等。

2. 液压或气动侧抽芯机构

当塑件侧向有很深的孔，侧向抽芯力和抽芯距很大，且用斜导柱、斜滑块等侧抽芯机构无法解决时，往往优先考虑采用液压或气动侧向抽芯机构（液压最佳）。

3. 手动侧向分型与抽芯机构

当塑件处于试制状态或生产批量很小，或在采用机动抽芯十分复杂，或根本无法实现的情况下，塑件上某些部位的侧向分型与抽芯常常采用手动形式进行。手动分型分为模内手动抽芯和模外手动抽芯两类。

课题七　温度调节系统设计

知识点：

注塑模设计中温度调节系统的设计

能力点：

注塑模设计中温度调节系统的设计

模具成型过程中，模具温度会直接影响到熔融塑料的充模、定型、成型周期和塑件质量。模具温度过高，成型收缩率大，脱模后塑件变形大，而且还容易造成溢料和粘模。

模具温度过低，则熔融塑料流动性差，塑件轮廓不清晰，表面会产生明显的银丝或流纹等缺陷。当模具温度不均匀时，型芯和型腔温差过大，塑件收缩不均匀，导致塑件翘曲变形，会影响塑件的形状和尺寸精度。

综上所述，对模具需要设置温度调节系统以达到理想的温度要求。温度调节系统的设计是一项比较繁琐的工作，既要考虑冷却效果及冷却的均匀性（热固性塑料考虑加热效果及加热的均匀性），又要考虑温度调节系统对模具整体结构的影响。

热塑模冷却系统应进行比较详细的理论计算，具体包括以下设计内容：

1）冷却系统的排列方式及冷却系统的具体形式。

2）冷却系统的具体位置及尺寸的确定。

3）重点部位，如动模型芯或镶件的冷却。

4）侧滑块及侧型芯的冷却。

5）冷却元件的设计及冷却标准元件的选用。

6）密封结构的设计。

课题八 排气系统设计

知识点：

排气系统的设计

能力点：

排气系统的设计

排气系统对确保塑件成型质量起着重要的作用，排气方式有以下几种：

1）利用排气槽。

2）利用型芯、镶件、推杆等的配合间隙，利用分型面上的间隙。

3）对大、中型塑件的模具，排气槽的位置以处于熔融塑料流动末端为好，通常在分型面的型腔一边开设排气槽，要通过试模后才能确定，这样对模具制造和清理都很方便。排气槽最好开设在靠近嵌件或壁厚最薄处，因为此处最容易形成熔接痕，熔接痕处应排尽气体和排出部分冷料。排气槽出口不要对着操作人员，以防熔融塑料喷出伤人。排气槽与塑件接触段的深度不应超过塑料的溢料值，其断面为矩形或梯形。如图2-14所示，排气槽宽度 $b=3\sim5$mm，深度 $h=0.03\sim0.05$mm，长度 $l=5\sim10$mm，此后可加深到0.8～1.5mm。表2-15所示为塑料排气槽深度的尺寸。

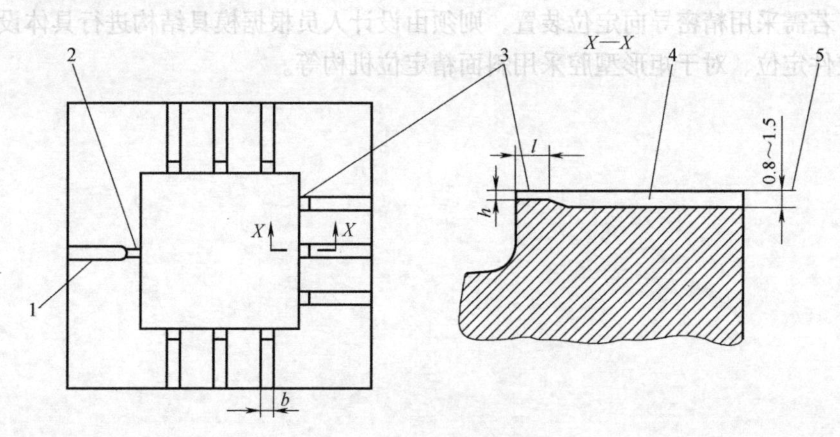

图2-14 排气槽设计

1—分流道 2—浇口 3—排气槽 4—导向沟 5—分型面

表2-15 塑料排气槽深度的尺寸 （单位：mm）

塑料品种	排气槽深度	塑料品种	排气槽深度
PE	0.02	AS	0.03
PP	0.01～0.02	POM	0.01～0.03
PS	0.02	PA	0.01
SB	0.03	PA(GF)	0.01～0.03
ABS	0.03	PETP	0.01～0.03
SAN	0.03	PC	0.01～0.03

开设排气槽时应注意以下几点：

1）根据进料口的位置，排气槽应开设在型腔最后充满的地方。

2）尽量把排气槽开设在模具的分型面上。

3）对于流速较小的塑料，可利用模具的分型面及零件配合的间隙进行排气。

4）当型腔最后充填部位不在分型面上，其附近又无可供排气的推杆或可活动的型芯时，可在型腔相应部位镶嵌经烧结的金属块（多孔合金块）以供排气。

课题九　合模机构设计

知识点：

合模机构的设计

能力点：

合模机构的设计

一般导向分为动、定模之间的导向，推板的导向和推件板的导向。导向装置由于受加工精度的限制或使用一段时间之后，其配合精度降低，会直接影响塑件的精度，因此对精度要求较高的塑件必须另行设计精密导向定位装置。

当采用标准模架时，因模架本身带有导向装置，一般情况下，设计人员只要按模架规格选用即可。若需采用精密导向定位装置，则须由设计人员根据模具结构进行具体设计，如采用圆锥定位件定位、对于矩形型腔采用斜面精定位机构等。

模块三 模具2D结构设计

教学目标：

1. 掌握绘制模具装配图的基本规范
2. 掌握模具成型零件的尺寸计算方法
3. 掌握绘制模具零件图的基本规范

课题一 绘制装配图的基本规范

知识点：

绘制装配图的原则及其规范

能力点：

掌握装配图的绘图规范

按照机械制图标准中相关规定绘制装配图。准确清晰地表达模具的基本构造及模具零件之间的装配关系是基本技能训练的重要内容。在现代模具设计中，一般是先进行模具3D总装设计，然后根据3D总装图，确定剖切位置，从而自动生成2D总装图，这种方法方便快捷。如自动化程度很高的先进生产厂商，其利用网络协同设计，直接将尺寸标注在三维图上，再根据3D装配图进行加工生产。绘制装配图时，模具主要零件的推荐配合见表3-1。

表3-1 模具主要零件的推荐配合

内外螺纹嵌件与模板定位孔 螺纹型环与模板定位孔 带弹性连接的活动镶件与模板定位孔	H8/f8	推杆与模板孔 推管与模板孔	当直径较小时	H8/f8
			当直径较大时	H7/f7
主流道衬套与模板孔	H7/m6	滑块与斜导槽	一般情况	H8/f8
定位圈与主流道衬套	H9/f9		与熔融塑料接触	H8/f7
小型芯与模板孔 斜导杆与模板孔	H7/m6	斜导柱与模板孔 斜滑块内外侧抽芯时		H8/f7
导柱与模板孔、导套与模板孔	H7/k6	一般齿轮、链轮与轴		H7/m6 或 H7/k6
导柱与导套孔	H7/f7	滚动轴承内圈与型芯		k6
斜导柱与滑块斜导孔	H11/b11	滚动轴承外圈与模板孔		H7

模具装配图绘制的基本规范见表3-2。

表3-2　模具装配图绘制的基本规范

项　　目	要　　求
布置图面及选定比例	1)遵守国家标准的《技术制图　图样幅面和格式》(GB/T 14689—2008) 2)可按照模具设计中习惯或特殊规定的绘制方法作图 3)手工绘图比例最好为1∶1,直观性好,计算机绘图时其尺寸必须按机械制图要求缩放 4)塑件布置在图样的右上角,并注明塑件名称、塑料牌号,标全塑件尺寸。塑件尺寸较大或形状较为复杂时,可单独画在零件图上,并装订在整套模具图样上
模具设计绘图顺序	1)主视图:绘制总装图时,先里后外,由上而下,即先绘制产品零件图、型芯、型腔…… 2)俯视图:将模具沿注射方向"打开"定模,沿着注射方向分别从上往下看已打开的定模和动模,绘制俯视图,其俯视图和主视图一一对应画出 3)模具工作位置的主视图一般应按模具闭合状态画出。绘图时应与计算工作联合进行,画出部分模具零件结构图,并确定模具零件的尺寸。如发现模具不能保证工艺的实施,则需更改工艺设计
模具装配图的布置	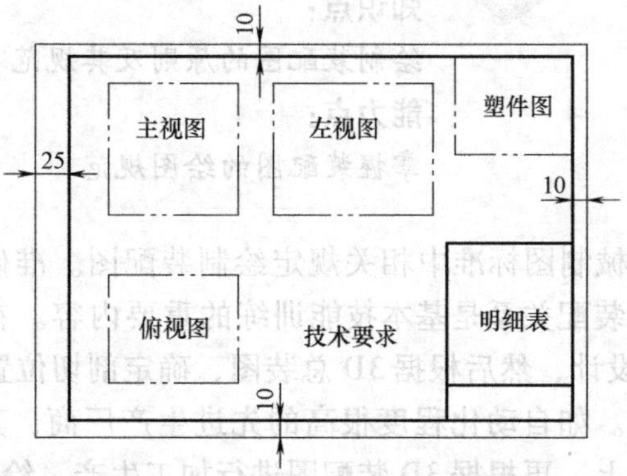 10　主视图　左视图　塑件图　25　10　俯视图　技术要求　明细表　10 塑料模具总装图的布置
模具装配图主视图绘制要求	1)用主视图和俯视图表示模具结构。在主视图上尽可能将模具的所有零件画出,可采用全剖视或阶梯剖视 2)在剖视图中剖切到型芯等旋转体时,其剖面不画剖面线;有时为了图的结构清晰,非旋转形的型芯也可不画剖面线 3)绘制的模具要处于闭合状态(塑料模具必须处于闭合状态或接近闭合状态,也可一半处于工作状态,另一半处于非工作状态) 4)俯视图可只绘制动模或定模、动模各半的视图。需要时再绘制俯视图以及其他剖视图和部分视图
模具装配图上的塑件图	1)工件图是经模塑成型后所得到的塑件图形,一般画在总图的右上角,并注明材料名称、厚度及必要的尺寸 2)工件图的比例一般与模具图上的一致,特殊情况可以缩小或放大。工件图的方向应与模塑成型方向一致(即与工件在模具中的位置一致),若特殊情况不一致时,必须用箭头注明模型的成型方向

（续）

项　目	要　求
模具装配图的技术要求	在模具总装配图中，要简要注明对该模具的要求、注意事项和技术要求。技术要求包括锁模力、所选设备型号；模具闭合高度以及模具打的印记、模具的装配要求等（参照国家标准，恰如其分地、正确地拟订所设计模具的技术要求和必要的使用说明） 模具装配图的技术要求通常包括以下几方面的内容： 1）装配前所有零件均应清除切屑并用煤油或汽油清洗，型腔内不应有任何杂物存在，模板各表面不应有碰伤现象，模板各条边均应倒角 2）检查各个运动机构配合是否恰当，保证没有松动和咬死现象，各推杆（块）端面是否和型腔表面吻合，不合要求的应进行修磨调整，各活动型芯（侧抽芯）和固定型芯接触是否密合。应修磨达到设计要求 3）分型面涂上红丹油进行对撞研合修整，检查分型面的密合情况 4）装配调试后进行试模验收，脱模机构不得有干涉现象，塑件质量应达到设计要求，如有不妥，修模再试 5）试模合格后的模具，若暂时不用，型腔内分型面和各运动表面应涂上防锈油，模具外周应喷上灰色防锈漆进行防锈
模具装配图主视图绘制要求	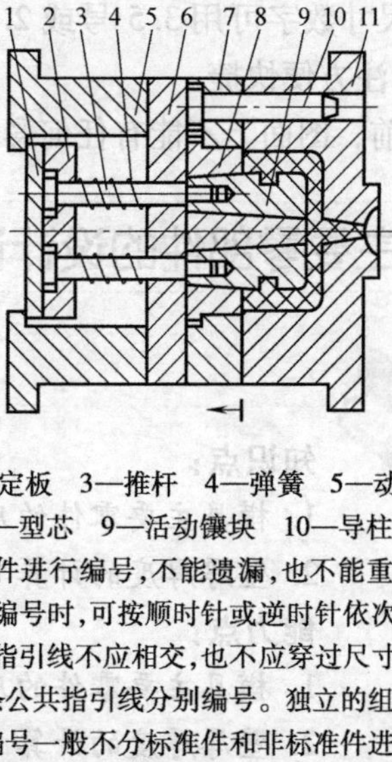 1—推板　2—推杆固定板　3—推杆　4—弹簧　5—动模座　6—动模垫板　7—动模板　8—型芯　9—活动镶块　10—导柱　11—定模座 在装配图上应对所有零件进行编号，不能遗漏，也不能重复，图中完全相同的零件只能编一个序号。对零件编号时，可按顺时针或逆时针依次排列引出指引线，各序号应排列整齐，稀疏合适，各指引线不应相交，也不应穿过尺寸线。对螺栓、螺母和垫圈这样一组紧固件，可用一条公共指引线分别编号。独立的组件、部件（如滚动轴承）可作为一个零件编号，零件编号一般不分标准件和非标准件进行统一编号 装配图上零件序号的字体应大于标注尺寸的字体。标题栏中的图号应统一用塑件名称的汉语拼音来命名，如瓶盖模，装配图图号用PGM01—00表示，明细表中的零件用PGM01—01、02、03、……表示，零件图中的图号应和明细表中图号完全对应一致。标准件应标注代号
模具装配图上应标注的尺寸	1）模具闭合尺寸、外形尺寸、特征尺寸（与成型设备配合的定位尺寸）、装配尺寸（安装再成型设备上螺钉孔中心距）、极限尺寸（活动零件移动起止点） 2）表3-1所列的模具主要零件的推荐用配合以及本书所有装配图上所采用的配合，可供设计时参考
标题栏和明细栏	标题栏和明细表放在总图右下角，若图不够，可另立一页，其格式应符合国家标准（GB/T 10609.1—2008，GB/T 10609.2—2009）

（1）装配图完成后的检查内容

1）视图的数量是否足够，模具的工作原理、结构和装配关系是否表达清楚。

2）尺寸标注是否正确，各处配合与精度的选择是否适当。

3）技术要求是否正确、合理，有无遗漏。

4）零件编号是否有遗漏或重复，标题栏和明细表是否合乎要求。

装配图检查修改之后，待零件图完成，再次校对装配关系和尺寸，最后加深描粗。若用CAD绘图，应参照零件图来修改总装图。图上的文字和数字应按制图要求工整书写，图面要保持整洁。

（2）采用计算机autoCAD绘图的注意事项

1）绘图之前对要用的线型要设置各自的图层（包括各种线型的颜色和线宽），绘图时每一条线都要归到各自的图层，便于以后对线型修改。

2）若图样简单，粗实线线宽可采用0.7mm，细线可采用默认宽度；图样复杂，粗实线线宽可采用0.5mm，细线可采用0.18mm左右。

3）图层不能设置在定义层（定义层的图线打印不出来）。

4）图样字体原则上按制图标准用仿宋体，宽:高=0.7:1，字高为3.5号以上，视图幅大小而定，A4图的尺寸数字可用3.5号或2.5号。如国内某些软件不是仿宋字体，可按软件默认字体，这样标注方便快捷。

5）打印图样之前，图面上不能有任何彩色文字和线条，应全部改为黑色。

课题二　模具主要零部件的设计计算

知识点：

1. 模具主要零件的尺寸计算
2. 壁厚厚度的计算

能力点：

1. 模具主要零件的尺寸计算
2. 壁厚厚度的计算

一、成型零件工作尺寸的计算

成型零件工作尺寸是指成型零件上直接用来构成塑件的尺寸，主要有型腔和型芯的径向尺寸（包括矩形和异形零件的长和宽）、型腔的深度尺寸和型芯的高度尺寸、型芯和型芯之间的尺寸等。任何塑件都有一定的几何形状和尺寸精度的要求，如有配合要求的尺寸，则精度要求较高。在设计模具时，应根据塑件的尺寸精度等级确定模具成型零件的工作尺寸及精度等级。影响塑件尺寸精度的因素相当复杂，这些因素应作为确定成型零件工作尺寸的依据。

影响塑件尺寸精度的主要因素有如下几个方面：

1）塑件收缩率所引起的尺寸误差δ_s。塑件成型后的收缩率与塑料的品种，塑件的形状、尺寸、壁厚，模具的结构，成型工艺条件等因素有关。在设计模具时，要准确地确定收缩率是很困难的，因为成型后实际收缩率与计算收缩率有差异。生产中工艺条件的变化，塑料批次的改变也会造成塑件收缩率的波动，这些都会引起塑件尺寸的变化。

2）模具成型零件的制造误差 δ_z。模具成型零件的制造精度是影响塑件尺寸精度的重要因素之一。成型零件加工精度越低，成型塑件的尺寸精度也越低。

3）模具成型零件的磨损 δ_c。模具在使用过程中，由于熔融塑料流动的冲刷、脱模时塑件的摩擦、成型过程中可能产生的腐蚀性气体的锈蚀，以及由于上述原因造成的成型零件表面粗糙度提高而重新进行的打磨抛光等，均会造成成型零件尺寸的变化。磨损结果使型腔尺寸变大，型芯尺寸变小。

4）模具安装配合的误差 δ_j。模具成型零件的装配误差以及在成型过程中成型零件配合间隙的变化，都会引起塑件尺寸的变化。

一般情况下，收缩率的波动、模具制造误差和成型零件的磨损是影响塑件尺寸精度的主要原因。而收缩率的波动引起的塑件尺寸误差会随塑件尺寸的增大而增大。因此生产大型塑件时，若单靠提高模具制造精度等级来提高塑件精度是比较困难和不经济的，应稳定成型工艺条件和选择收缩率波动较小的塑料。生产小型塑件时，模具制造误差和成型零件的磨损是影响塑件尺寸精度的主要因素，因此，应提高模具精度等级和减少磨损。

成型零件工作尺寸的精度直接影响塑件的精度。例如型腔和型芯的径向尺寸、深度和高度尺寸、孔间距离尺寸、孔或凸台至某成型表面的尺寸、螺纹成型零件的径向尺寸和螺距尺寸等。

1. 影响成型零件工作尺寸的因素

影响塑件尺寸精度的因素很多，如塑料原材料、塑件结构和成型工艺、模具结构、模具制造和装配、模具使用中的磨损等因素。塑料原材料方面的因素主要是指收缩率的影响。

（1）塑料收缩率的影响　塑件成型后的收缩变化与塑料的品种，塑件的形状、尺寸、壁厚，成型工艺条件，模具的结构等因素有关。由于热胀冷缩的原因，塑料成型冷却后的塑件尺寸小于模具型腔的尺寸。

（2）制造误差的影响　模具成型零件的制造精度越低，塑件尺寸精度也越低。一般成型零件工作尺寸的制造误差值取塑件公差值的1/6～1/3，表面粗糙度值取 $Ra0.8 \sim 0.4\mu m$。

（3）零件磨损和其他因素的影响　脱模摩擦磨损是影响零件磨损的主要因素。磨损的结果使型腔尺寸变大，型芯尺寸变小。磨损大小与塑料的品种和模具材料及热处理有关。与脱模方向垂直的表面的磨损相比，与脱模方向平行的表面磨损要大一些。

另外，模具成型零件装配误差以及在成型过程中成型零件配合间隙的变化，都会引起塑件尺寸的变化。如成型压力使模具分型面有胀开的趋势、动定模分型面间隙、分型面上的残渣或模板平面度，对塑件高度方向尺寸有影响；活动型芯与模板配合间隙过大，对孔的位置精度有影响。

在一般情况下，收缩率的波动、模具制造误差和成型零件的磨损是影响塑件尺寸精度的主要原因。

2. 型芯、型腔工作尺寸的计算

型芯、型腔工作尺寸通常包括型芯和型腔的径向尺寸、深度尺寸以及位置（中心距）尺寸等。

(1) 成型零件工作尺寸的计算方法　计算工作零件时根据模具制造误差、磨损和成型收缩率波动三项因素进行计算。

成型零件工作尺寸计算的方法有两种：一种是平均尺寸法，即按平均收缩率、平均制造误差和平均磨损量进行计算；另一种是极限尺寸法，即按极限收缩率、极限制造误差和极限磨损量进行计算。前一种计算方法简便，但可能有误差，在精密塑料制品的模具设计中受到一定限制；后一种计算方法能保证所成型的塑料制品在规定的公差范围内，但计算比较复杂。本书中主要介绍平均尺寸法。

在计算成型零件型腔和型芯的尺寸时，塑料制品和成型零件尺寸均按单向极限制，如果制品上的公差是双向分布的，则应按这个要求加以换算。而位置尺寸则按公差带对称分布的原则进行计算。

(2) 型腔工作尺寸的计算方法　型腔（或凹模）是成型塑件外型的模具零件，其工作尺寸属于包容尺寸，在使用过程中型腔的磨损会使包容尺寸逐渐增大。所以，为了使模具的磨损留有修模的余地以及满足装配的需要，在设计模具时，包容尺寸尽量取下极限尺寸，尺寸公差取上极限偏差，具体计算公式如下。

1) 型腔的径向尺寸计算公式

$$L = \left[L_s(1+S_{cp}) - \frac{3}{4}\Delta \right]^{+\delta} \tag{3-1}$$

式中　L_s——塑件外形径向公称尺寸（mm）；

S_{cp}——塑料的平均收缩率（%），$S_{cp} = \frac{(S_{max}+S_{min})}{2}$；

Δ——塑料尺寸公差（mm）；

δ——模具制造公差（mm），取塑件相应尺寸公差的1/6～1/3，即$\delta = (1/6 \sim 1/3)\Delta$。

2) 型腔的深度尺寸计算公式

$$H = \left[H_s(1+S_{cp}) - \frac{2}{3}\Delta \right]^{+\delta} \tag{3-2}$$

式中　H_s——塑件外形深度方向公称尺寸（mm）；

S_{cp}——塑料的平均收缩率（%），$S_{cp} = \frac{(S_{max}+S_{min})}{2}$；

Δ——塑料尺寸公差（mm）；

δ——模具制造公差（mm），取塑件相应尺寸公差的1/6～1/3，即$\delta = (1/6 \sim 1/3)\Delta$。

(3) 型芯的工作尺寸计算　型芯（或凸模）是成型塑件的内形，其工作尺寸属于被包容尺寸，在使用过程中型芯的磨损会使被包容尺寸逐渐减小。所以，在设计模具时，被包容尺寸尽量取上极限尺寸，尺寸公差取下极限偏差，具体计算公式如下

1) 型芯的径向尺寸计算公式

$$l = \left[l_s(1+S_{cp}) + \frac{3}{4}\Delta \right]_{-\delta} \tag{3-3}$$

式中　l_s——塑件内形径向公称尺寸（mm）；

S_{cp}——塑料的平均收缩率（%），$S_{cp} = \frac{(S_{max}+S_{min})}{2}$；

Δ——塑料尺寸公差（mm）；

δ——模具制造公差（mm），取塑件相应尺寸公差的 1/6 ~ 1/3，即 $\delta=(1/6\sim1/3)\Delta$。

2）型芯的深度尺寸计算公式

$$h=\left[h_s(1+S_{cp})+\frac{2}{3}\Delta\right]_{-\delta} \tag{3-4}$$

式中 h_s——塑件内形深度方向公称尺寸（mm）；

S_{cp}——塑料的平均收缩率（%），$S_{cp}=\frac{(S_{max}+S_{min})}{2}$；

Δ——塑料尺寸公差（mm）；

δ——模具制造公差（mm），取塑件相应尺寸公差的 1/6 ~ 1/3，即 $\delta=(1/6\sim1/3)\Delta$。

（4）模具中位置尺寸计算　模具中位置尺寸（如孔的中心距尺寸），在使用过程中磨损的影响可以忽略不计，只考虑模具制造误差、磨损和成型收缩率波动的影响，其计算公式如下

$$C=C_s(1+S_{cp})\pm\frac{\delta}{2} \tag{3-5}$$

式中 C_s——塑件位置尺寸（mm）；

S_{cp}——塑料的平均收缩率（%），$S_{cp}=\frac{(S_{max}+S_{min})}{2}$；

δ——模具制造公差（mm），取塑件相应尺寸公差的 1/6 ~ 1/3，即 $\delta=(1/6\sim1/3)\Delta$。

（5）计算实例　如图 3-1 所示塑件结构尺寸及相应的模具型腔结构，塑件材料为聚苯乙烯（PS），收缩率为 0.6% ~ 0.8%，求型芯、型腔相应尺寸。

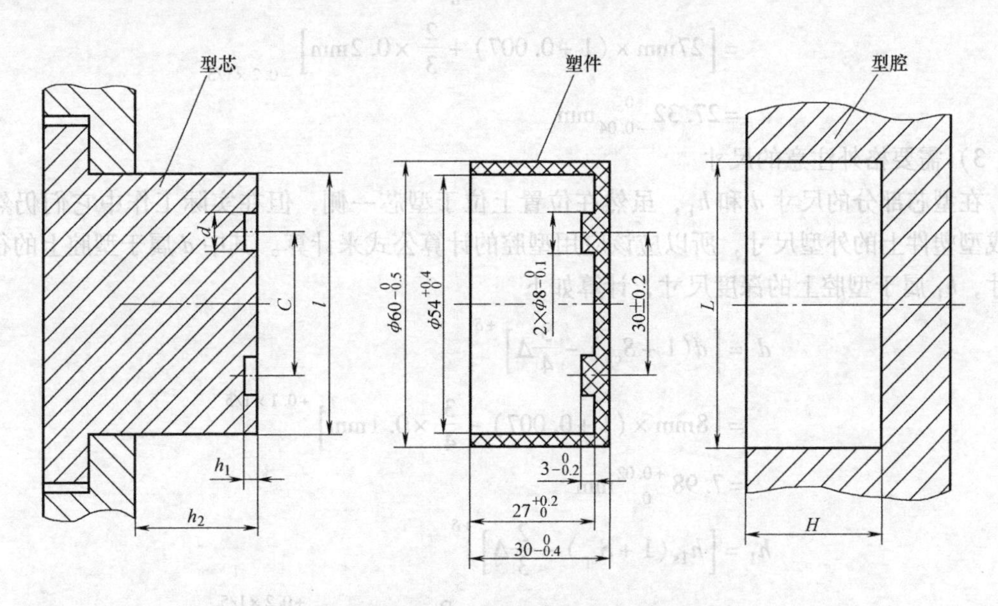

图 3-1　塑件结构尺寸及相应的模具型腔结构

解： 塑料的平均收缩率为 0.7%，模具的制造公差取 $\delta=1/5\Delta$。

1）型腔有关尺寸计算

型腔的径向尺寸

$$L=\left[L_s(1+S_{cp})-\frac{3}{4}\Delta\right]^{+\delta}$$

$$=\left[60\text{mm}\times(1+0.007)-\frac{3}{4}\times0.5\text{mm}\right]^{+0.5\times1/5}$$

$$=60.05^{+0.1}_{0}\text{mm}$$

型腔的深度尺寸

$$H=\left[H_s(1+S_{cp})-\frac{2}{3}\Delta\right]^{+\delta}$$

$$=\left[30\text{mm}\times(1+0.007)-\frac{2}{3}\times0.4\text{mm}\right]^{+0.4\times1/5}$$

$$=29.94^{+0.08}_{0}\text{mm}$$

2）型芯有关尺寸计算

型芯的径向尺寸

$$l=\left[l_s(1+S_{cp})+\frac{3}{4}\Delta\right]_{-\delta}$$

$$=\left[54\text{mm}\times(1+0.007)+\frac{3}{4}\times0.4\text{mm}\right]_{-0.4\times1/5}$$

$$=54.68^{0}_{-0.08}\text{mm}$$

型芯的深度尺寸

$$h_2=\left[h_{2s}(1+S_{cp})+\frac{2}{3}\Delta\right]_{-\delta}$$

$$=\left[27\text{mm}\times(1+0.007)+\frac{2}{3}\times0.2\text{mm}\right]_{-0.2\times1/5}$$

$$=27.32^{0}_{-0.04}\text{mm}$$

3）需要格外注意的尺寸

在型芯部分的尺寸 d 和 h_1，虽然在位置上位于型芯一侧，但在实际工作中它们仍然属于成型塑件上的外型尺寸，所以应该应用型腔的计算公式来计算。其中 d 属于型腔上的径向尺寸，h_1 属于型腔上的深度尺寸，计算如下

$$d=\left[d(1+S_{cp})-\frac{3}{4}\Delta\right]^{+\delta}$$

$$=\left[8\text{mm}\times(1+0.007)-\frac{3}{4}\times0.1\text{mm}\right]^{+0.1\times1/5}$$

$$=7.98^{+0.02}_{0}\text{mm}$$

$$h_1=\left[h_{1s}(1+S_{cp})-\frac{2}{3}\Delta\right]^{+\delta}$$

$$=\left[3\text{mm}\times(1+0.007)-\frac{2}{3}\times0.2\text{mm}\right]^{+0.2\times1/5}$$

$$=2.89^{+0.04}_{0}\text{mm}$$

4）相对位置尺寸

$$C = C_s(1+S_{cp}) \pm \frac{\delta}{2}$$

$$= 30\text{mm} \times (1+0.007) \pm \frac{0.4\times 1/5}{2}\text{mm}$$

$$= (30.21 \pm 0.04)\text{mm}$$

3. 螺纹型环和螺纹型芯的尺寸计算

螺纹的联接种类很多，下面只介绍普通紧固联接用螺纹型芯和型环的尺寸计算方法。

当塑件外螺纹与塑件内螺纹配合时，制造螺纹型芯和型环时可不考虑塑件螺距的收缩率。

当塑件螺纹与金属螺纹的配合长度不超过表 3-3 或满足 $L_{配合} < \frac{0.432\Delta_{中}}{S_{cp}}$时，则制造螺纹型芯和型环也可不考虑塑件螺距的收缩率。

表 3-3 螺纹不计收缩率时可以配合的极限尺寸 （单位：mm）

螺纹代号	螺距 T/mm	中径公差 $\Delta_{中}$	收缩率 S(%)								
			0.2	0.5	0.8	1.0	1.2	1.5	1.8	2.0	2.5
			螺纹可以配合的极限尺寸 $L_{配合}$								
M3	0.50	0.12	26.0	10.4	6.5	5.2	4.3	3.5	2.9	2.6	2.2
M4	0.70	0.14	32.5	13.0	8.1	6.5	5.4	4.3	3.6	3.3	2.8
M5	0.80	0.15	34.5	13.8	8.6	6.9	5.8	4.6	3.8	3.5	3.0
M6	1.00	0.17	38.0	15.0	9.4	7.5	6.3	5.0	4.2	3.8	3.3
M8	1.25	0.19	43.5	17.4	10.9	8.7	7.3	5.8	4.8	4.4	3.8
M10	1.50	0.21	46.0	18.4	11.5	9.2	7.7	6.1	5.1	4.6	4.0
M12	1.75	0.22	49.0	19.6	12.3	9.8	8.2	6.5	5.4	4.9	4.0
M16	2.00	0.24	52.0	20.8	13.0	10.4	8.7	6.9	5.8	5.2	4.2
M20	2.50	0.27	57.5	23.0	14.4	11.5	9.6	7.1	6.4	5.8	4.4
M24	3.00	0.29	64.0	25.4	15.9	12.7	10.6	8.5	7.1	6.4	4.6
M30	3.50	0.31	66.5	26.6	16.6	13.3	11	8.9	7.4	6.7	4.8
M36	4.00	0.35	70.0	30.0	18.5	14.2	11.4	9.3	7.7	7.1	5.2

当塑件螺纹与金属螺纹的配合长度超过 7 ~ 8 牙时，则制造螺纹型芯和型环时应考虑塑件的收缩率，螺纹型芯和型环尺寸计算公式如下：

（1）螺纹型环的尺寸计算

$$D_{中} = [D_{塑中}(1+S_{cp}) - \Delta_{中}]^{+\delta} \qquad (3\text{-}6)$$

$$D_{大} = [D_{塑大}(1+S_{cp}) - \Delta_{中}]^{+\delta} \qquad (3\text{-}7)$$

$$D_{小} = [D_{塑小}(1+S_{cp}) - \Delta_{中}]^{+\delta} \qquad (3\text{-}8)$$

式中 $D_{中}$——螺纹型环的中径尺寸（mm）；

$D_{大}$——螺纹型环的大径尺寸（mm）；

$D_{小}$——螺纹型环的小径尺寸（mm）；

$D_{塑中}$——塑件外螺纹的中径公称尺寸（mm）；

$D_{塑大}$——塑件外螺纹的大径公称尺寸（mm）；

$D_{塑小}$——塑件外螺纹的小径公称尺寸（mm）；

S_{cp}——塑料的平均收缩率（%），$S_{cp}=\frac{(S_{max}+S_{min})}{2}$；

$\Delta_{中}$——塑件外螺纹的中径公差（mm）；

δ——螺纹型环的制造公差，其中，中径取$\delta=\Delta/5$，大径和小径取$\delta=\Delta/4$，或查表3-4确定。

（2）螺纹型芯的尺寸计算

$$d_{中}=[d_{塑中}(1+S_{cp})+\Delta_{中}]_{-\delta} \tag{3-9}$$

$$d_{大}=[d_{塑大}(1+S_{cp})+\Delta_{中}]_{-\delta} \tag{3-10}$$

$$d_{小}=[d_{塑小}(1+S_{cp})+\Delta_{中}]_{-\delta} \tag{3-11}$$

式中 $d_{中}$——螺纹型芯的中径尺寸（mm）；

$d_{大}$——螺纹型芯的大径尺寸（mm）；

$d_{小}$——螺纹型芯的小径尺寸（mm）；

$d_{塑中}$——塑件内螺纹的中径公称尺寸（mm）；

$d_{塑大}$——塑件内螺纹的大径公称尺寸（mm）；

$d_{塑小}$——塑件内螺纹的小径公称尺寸（mm）；

S_{cp}——塑料的平均收缩率（%），$S_{cp}=\frac{(S_{max}+S_{min})}{2}$；

$\Delta_{中}$——塑件内螺纹的中径公差（mm）；

δ——螺纹型环的制造公差，其中，中径取$\delta=\Delta/5$，大径和小径取$\delta=\Delta/4$，或查表3-4确定。

表3-4　螺纹型环和螺纹型芯的直径制造公差　（单位：mm）

螺纹类型	螺纹直径	中径制造公差	大、小径制造公差
粗牙螺纹	M3 ~ M12	0.02	0.03
	M14 ~ M33	0.03	0.04
	M36 ~ M45	0.04	0.05
	M46 ~ M68	0.05	0.06
细牙螺纹	M4 ~ M22	0.02	0.03
	M24 ~ M52	0.03	0.04
	M56 ~ M68	0.04	0.05

（3）螺距工作尺寸计算

$$P=P_s(1+S_{cp})\pm\frac{\delta}{2} \tag{3-12}$$

式中 P——螺纹型环或螺纹型芯的螺距尺寸（mm）；

P_s——塑件位置尺寸（mm）；

S_{cp}——塑料的平均收缩率（%），$S_{cp}=\frac{(S_{max}+S_{min})}{2}$；

δ——螺距的制造公差（mm），见表3-5。

一般情况下，当螺纹牙数少于7 ~ 8牙时，可不进行螺距工作尺寸的计算，而是靠螺纹的旋合间隙补偿。

表3-5 螺纹型芯或型环螺距的制造公差 (单位：mm)

螺纹直径	配合长度	制造公差δ
3~10	0~12	0.01~0.03
12~22	>12~20	0.02~0.04
24~26	>20	0.03~0.05

（4）牙型角 如果塑料均匀地收缩，则不会改变牙型角的度数，螺纹型环或螺纹型芯的牙型角应尽量制成接近标准数值，即米制螺纹为60°，英制螺纹为55°。

二、模具型腔侧壁和底板厚度的计算

塑料模具型腔在成型过程中受到熔融塑料的高压作用，应具有足够的强度和刚度，如果型腔侧壁和底板厚度过薄，可能会因强度不够而导致塑性变形甚至破坏；也可能因刚度不足而产生挠曲变形，导致溢料飞边，降低塑件尺寸精度并影响顺利脱模。因此，应通过强度和刚度计算来确定型腔壁厚和底板厚度，尤其对于重要的、精度要求高的或大型模具的型腔，更不能单纯凭经验来确定型腔壁厚和底板厚度。

模具型腔壁厚的计算，应以最大压力为准。理论分析和生产实践表明，对于大尺寸的模具型腔，刚度不足是模具质量差的主要原因，型腔壁厚应以满足刚度条件为准；而对于小尺寸的模具型腔，强度不足是模具质量差的主要原因，型腔壁厚应以满足强度条件为准。以强度计算和以刚度计算所需要的壁厚，其两者相等时的型腔内尺寸，即为强度计算和刚度计算的分界值。在分界值不知道的情况下，应按强度条件和刚度条件分别计算，取较大值作为模具型腔的壁厚。由于型腔的形状、结构形式是多种多样的，同时在成型过程中模具受力状态也很复杂，一些参数难以确定，因此采用传统的计算方法对型腔壁厚作精确的力学计算几乎是不可能的。只能从实际出发，对具体情况做具体分析，建立近似的力学模型，确定较为接近实际的计算参数，采用工程上常用的近似计算方法，以满足设计上的需要。采用现代计算机分析软件可对型腔进行精确分析和计算。对于不规则的型腔，可简化为规则型腔进行近似计算。型腔壁厚的经验值见表3-6、表3-7。

表3-6 圆形型腔壁厚的经验值

圆形型腔内壁直径 $2r$/mm	整体式型腔壁厚 $(s=R-r)$/mm	组合式型腔	
		型腔壁厚$(s_1=R-r)$/mm	模套壁厚(s_2)/mm
~40	20	8	18
>40~50	25	9	22
>50~60	30	10	25
>60~70	35	11	28
>70~80	40	12	32
>80~90	45	13	35
>90~100	50	14	40
>100~120	55	15	45
>120~140	60	16	48
>140~160	65	17	52
>160~180	70	19	55
>180~200	75	21	58

注：以上型腔壁厚系淬火钢数据，如用未淬火钢，应乘以系数1.2~1.5。

表 3-7 矩形型腔壁厚的经验值

矩形型腔内壁短边 (b)/mm	整体式型腔侧壁厚 (s)/mm	镶拼式型腔	
		凹模壁厚(s_1)/mm	模套壁厚(s_2)/mm
40	25	9	22
>40~50	25~30	9~10	22~25
>50~60	30~35	10~11	25~28
>60~70	35~42	11~12	28~35
>70~80	42~48	12~13	35~40
>80~90	48~55	13~14	40~45
>90~100	55~60	14~15	45~50
>100~120	60~72	15~17	50~60
>120~140	72~85	17~19	60~70
>140~160	85~95	19~21	70~80

课题三　绘制零件图的基本规范

能力点：

1. 绘制型芯零件图的基本规范
2. 绘制型腔类零件图的基本规范
3. 绘制板类零件图的基本规范

知识点：

1. 绘制型芯零件图的基本规范
2. 绘制型腔类零件图的基本规范
3. 绘制板类零件图的基本规范

零件图是在完成装配图设计的基础上绘制的。零件图是零件制造和检验的主要技术文件，因此，在绘制成型零件的零件图时，必须注意所给定的成型尺寸、公差及脱模斜度是否相互协调，其设计基准是否与塑件的设计基准相吻合。同时还要考虑凹模和型芯在加工时的工艺性及使用时的力学性能及其可靠性。

绘制零件图时，要把零件的每一部位都表达清楚。尺寸标注应考虑到加工和检验的方便，既要齐全又不重复。零件图上应注明技术要求，一般包括尺寸精度、表面粗糙度、几何公差、表面镀层或涂层、零件材料、热处理以及加工和检验的要求等项目。有的可直接用符号注明在图样上（如尺寸公差、表面粗糙度、几何公差），有的可用文字注在图样下方。

每幅零件图应单独在一张标准图幅中绘制，并尽量采用1:1的比例尺。零件图的右下角应画出标题栏，其格式应按照国家标准绘制。

零件图表达的零件结构和尺寸以及编号均应与装配图一致。如必须更改，应对装配图做相应地修改。

（1）视图和比例尺的选择　零件图的比例尺大都采用1:1。小尺寸零件或尺寸较多的零件则需按放大比例绘制。视图的选择可参照以下建议：

1）轴类零件通常仅需一个视图，并按加工位置布置。

2）板类零件通常需要主视图和俯视图两个视图，一般按照装配位置布置。

3）镶拼组合类成型零件常画部件图以便标注尺寸和公差。试图可按照装配位置布置。

（2）标注尺寸的基本规范　标注尺寸是零件设计中一项极为重要的内容。尺寸标注要做到既不少标、漏标，又不多标、重复标，同时又使整套模具零件图上的尺寸布置得清晰、美观。建议如下：

1）正确选择基准面。

2）尽量使设计基准、加工基准、测量基准保持一致，避免加工时反复计算。成型部分的尺寸标注基准应与塑件图的一致。

（3）尺寸布置合理　首先，大部分尺寸最好集中在最能反映零件特征的视图上。例如，就模板类零件而言，主视图上应集中标注厚度尺寸，而平面内各尺寸可集中标注在俯视图上。

其次，同一视图上的尺寸应尽量归类布置。例如，可将模板类零件标注归为四类：

第一类：孔径类尺寸，可考虑集中标注在视图的左方。

第二类：纵向间距尺寸，可考虑集中标注在视图轮廓外右方。

第三类：横向间距尺寸，可考虑集中标注在视图轮廓外下方。

第四类：型孔的大小尺寸，可考虑集中标注在型孔周围的空白处，并做到全套图样保持一致。

（4）脱模斜度的标注　脱模斜度有三种标注方法：其一是大小端尺寸均标出；其二是标出一段尺寸，再标出角度；其三是在技术要求中提出。

模具零件图的绘制要求见表 3-8。模具常用的习惯画法见表 3-9。

表 3-8　模具零件的绘制要求

项　目	要　求
表达正确而充分	所选的视图应充分而准确地表示出零件内部和外部的结构形状和尺寸大小。而且以视图及剖视图的数量最少为佳
具备制造和检验零件的数据	零件图中的尺寸是制造和检验零件的依据，故应慎重细致地标注。尺寸既要完备，同时又不重复。在标注尺寸前，应研究零件的加工和检测的工艺过程，正确选定尺寸的基准而做到设计、加工、检验基准统一，避免基准不重合造成的误差。零件图的方位应尽量按其在总装配图中的方位画出，不要任意旋转和颠倒，以防画错，影响装配
标注尺寸公差及表面粗糙度	所有的配合尺寸或精度要求较高的尺寸都应标注公差（包括表面形状及位置公差）。未注尺寸公差按 GB/T 1804—m。模具的工作零件（如型芯、型腔）的工作部分尺寸按计算值标注 模具零件在装配过程中的加工尺寸应标注在装配图上，如必须在零件图上标注时，应在有关尺寸旁注明“配作”、“装配后加工”等字样或在技术要求中说明 因装配需要留有一定的装配余量时，可在零件图上标注出装配链补偿量及装配后所要求的配合尺寸、公差和表面粗糙度等 两个相互对称的模具零件，一般应分别绘制图样；如绘在一张图样上，必须标明两个图样代号 对分切后成对或成组使用的零件，只要分切后各部分形状相同，则视为一个零件编一个图样代号，且绘在一张图样上，以利于加工和管理 模具零件的整体加工，分切后尺寸不同的零件，也可绘在一张图样上，但应用指引线标明不同的代号，并用表格列出代号、数量及质量 所有的加工表面都应注明表面粗糙度等级。正确确定表面粗糙度等级是一项重要的技术经济工作。一般来说，零件表面粗糙度等级可根据对各个表面工作要求及精度等级来确定

（续）

项　目	要　求
技术要求	凡是图样或符号不便于表示，而在制造时又必须保证的条件和要求都应注明在技术要求中，它的内容随着不同的零件、不同的要求及不同的加工方法而不同，其主要应注明： 1）对材质的要求，如热处理方法及热处理表面所应达到的硬度等 2）表面处理、表面涂层以及表面修饰（如锐边倒钝、清砂）等要求 3）未注倒圆半径的说明，个别部位的修饰加工要求 4）其他特殊要求

表 3-9　模具常用的习惯画法

项　目	要　求
内六角螺钉和圆柱销的画法	同一规格、尺寸的内六角螺钉和圆柱销，在模具总装配图中的剖视图中可各画一个，引一个件号，当剖视图中不易表达时，也可从俯视图中引出件号。内六角螺钉和圆柱销在俯视图中分别用双圆（螺钉头外径和内径）及单圆表示，当剖视位置比较小时，螺钉和圆柱销可各画一半。在总装配图中，螺钉孔一般情况下要画出
弹簧座及圆柱螺旋压缩弹簧的画法	在模具中，习惯采用简化画法画弹簧，用线双点画线表示，当弹簧个数较多时，在俯视图中可只画一个弹簧，其余只画弹簧座
直径尺寸大小不同的各组孔的画法	直径尺寸大小不同的各组孔可用涂色、符号、阴影线区别

一、型芯类零件图的设计

型芯类零件图的设计见表 3-10。

表 3-10　型芯类零件图的设计

视图	圆形类型芯一般可用一个视图表示，在有孔和槽的部位，应增加必要的视图。对于型芯上不易表达清楚的砂轮越程槽、退刀槽、中心孔或其他一些细小的结构等，必要时应绘制局部放大图。复杂异形型芯要用多个视图和一定的局部视图来表达
尺寸标注	型芯上各段直径应全部标注尺寸，凡是配合处都要标注尺寸极限偏差 标注型芯上各段长度尺寸时首先应选好基准面，尽可能做到设计基准、工艺基准和测量基准三者一致，并尽量考虑按加工过程来标注各段尺寸。基准面常选择在型芯定位面处或型芯的端面处。长度尺寸精度要求较高时，应尽量直接标出尺寸。标注尺寸时应避免出现封闭尺寸链 图 3-2 为一圆柱型芯，其主要基准面选在Ⅰ—Ⅰ处，它是型芯的轴向定位面。当确定了轴肩的位置，型芯上各轴向位置尺寸即可随之确定。考虑到加工情况，取型芯的一个小端面作为辅助基准面。零件上各处的脱模斜度、尺寸及偏差和几何公差均应标出
几何公差	型芯零件图上应标注必要的几何公差，以保证加工精度和装配精度。模具型芯的轴类零件几何公差标注项目见表 3-11
表面粗糙度	型芯的所有表面都应标注表面粗糙度值。型芯的表面粗糙度值 *Ra* 可参照表 3-12 选择
技术要求	型芯类零件图上提出的技术要求一般有以下内容： 1）对材料的热处理方法、热处理后的硬度、渗碳或渗氮的深度等要求 2）对图中未注明的脱模斜度、几何公差以及圆角和倒角等的说明 3）其他一些必要的说明，如不保留中心孔，型芯上的推杆孔不倒角等

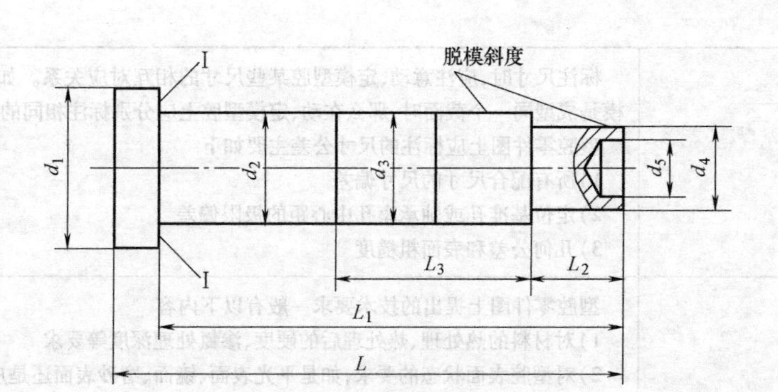

图 3-2 圆柱型芯

表 3-11 轴类零件几何公差标注项目

加 工 表 面	标 注 项 目	公差等级
与普通公差等级滚动轴承配合的圆柱面	圆柱度 径向圆跳动	6 6 ~7
普通公差等级滚动轴承的定位端面	端面圆跳动	6
与模板配合的圆柱面	同轴度	6

表 3-12 型芯的表面粗糙度值 *Ra* （单位：μm）

加 工 表 面	*Ra*
普通塑件型芯表面	1)型芯端面可以不予抛光 2)型芯侧面考虑脱模，沿脱模方向抛掉刀纹 3)有定位精度要求的孔，*Ra* 值比塑件内表面低 1 ~2 级
透明塑件型芯表面	0.012 ~0.006(与型腔表面粗糙度值一致，均为镜面)
与模板零件配合的表面	0.8 ~0.4
与传动零件配合的表面	1.6 ~0.8
与普通滚动轴承配合的表面	1.0
普通滚动轴承的定位端面	2.0
密封处表面	1.6 ~0.8(O 形橡胶密封圈)

二、型腔类零件图的设计

型腔类零件图的设计见表 3-13。

表 3-13 型腔类零件图的设计

视图	型腔一般用 2 ~3 个视图来表示，并且常需要用局部视图或局部剖视图来表示一些不易看清楚的局部结构
尺寸标注	型腔的结构比较复杂，在视图上要标注的尺寸很多。标注尺寸时应正确清晰、多而不乱，要避免遗漏或重复，避免出现封闭尺寸链。标注尺寸时应考虑加工和测量的要求，选择合适的标注基准 型腔(凹模)深度方向的尺寸以模板上平面为基准标注，长度和宽度方向的尺寸以模板中心线为基准标注 型腔中的所有圆角、倒角和脱模斜度等都应标注或在技术要求中说明

（续）

尺寸标注	标注尺寸时，应注意动、定模型腔某些尺寸的相互对应关系。如在分型面上，动、定模是成型同一个截面时，那么在动、定模型腔上应分别标注相同的尺寸和公差 型腔零件图上应标注的尺寸公差主要如下 1）所有配合尺寸的尺寸偏差 2）定位基准孔或轴承座孔中心距的极限偏差 3）几何公差和表面粗糙度
技术要求	型腔零件图上提出的技术要求一般有以下内容 1）对材料的热处理、热处理后的硬度、渗氮处理深度等要求 2）对型腔表面状态的要求，如是平光表面、镜面、磨砂表面还是皮革花纹表面等 3）对未注明的圆角、倒角和脱模斜度的说明 4）对型腔尺寸精度和加工要求的说明（如型腔深度尺寸应按最大尺寸加工，以利于修模） 5）其他一些必要的说明，如有些定位孔的几何公差等级在图中未注明时，可在技术要求中说明

三、模板类零件图的设计

模板类零件图的设计见表3-14。

表3-14　模板类零件图的设计

视图	模板类零件一般用两个视图来表示。主视图通常采用全剖视图，以表示各孔的大小和深度等尺寸。俯视图表示各孔的排列位置。结构比较复杂的模板，还可以采用局部视图来表示某些不易看清的细小结构
尺寸标注	模板各孔、槽的排列位置尺寸以轴线为基准标出，而模板的中心线又是以设计和加工基准（相垂直的两个侧面）来标定的。各孔、槽的深度尺寸是以模板上平面为基准来标注的 用于成型塑件上具有安装和定位精度的各型芯固定孔的尺寸，应标注尺寸公差和位置公差。对于配合表面、安装或测量基准面，应标注几何公差 在零件图上还应标注各加工表面的表面粗糙度值
技术要求	技术要求的内容包括对热处理、加工等方面的要求

模块 四 模具设计说明书编写及课程设计总结、答辩

教学目标：

1. 掌握模具设计说明书的编写规范
2. 设计总结

课题一 设计计算说明书

知识点：

编写设计说明书的要点

能力点：

编写设计说明书

1. 设计计算说明书的内容

设计计算说明书的内容概括如下：

（1）设计任务书

（2）目录

（3）说明书正文

1）塑件成型工艺性分析（包括结构特征分析、塑料的性能及成型工艺分析）。

2）方案论证。

3）塑件分型面位置的分析和确定。

4）塑件型腔数量及排列方式的确定。

5）注射机的选择及工艺参数的校核。

6）成型零件的设计计算。

7）模架选择及标准件的选用。

8）浇注系统的设计。

9）侧向分型抽芯机构的设计。

10）温度调节系统的设计。

（4）设计小结

本设计的优缺点、改进意见及设计体会。

（5）参考资料

2. 编写说明书的要求

1）说明书要求论述清楚，文字简练，书写整洁，计算正确。

2）说明书采用黑色或蓝色墨水笔按一定格式书写，采用统一格式的封面，装订成册，若采用打印，按各校规定排版。封面格式如下文所示。

3）说明书中应附有必要的插图，帮助说明各结构方案及尺寸确定的理由。

4）计算中所引用的公式和数据应有根据，并注明其来源。

5）说明书中每一自成单元的内容，应有大小标题，使其醒目便于查阅。

6）计算过程应层次分明，一般可列出计算内容，写出计算公式，然后代入数据，略去具体计算过程。

（校　　名）

塑料成型工艺与模具设计

课程设计

设计课题

系　　　部

专　　　业

班　　　级

学生姓名

指导教师

年　　月　　日

课程设计说明书	
计算及说明	主要结果

课题二　课程设计总结

知识点：
课程设计总结内容
能力点：
课程设计总结内容

1. 课程设计总结的目的

课程设计总结主要是对设计工作进行分析、自我检查和评价，以帮助设计者进一步熟悉和掌握模具设计的一般方法，提高分析问题和解决问题的能力。

2. 课程设计总结的内容

课程设计总结要以设计任务书为主要依据，评估自己所设计的结果是否满足设计任务书中的要求，客观地分析所设计内容的优缺点，具体内容如下：

1）分析总体设计方案的合理性。

2）分析零部件结构设计以及设计计算的正确性。

3）认真检查所设计的装配图、零件图中是否存在问题。对装配图要着重分析分型抽芯脱模机构、推出机构设计中是否存在有错误或不合理之处。对零件图应着重分析尺寸及公差的标注是否恰当（尺寸标注是否符合基准及加工原则，公差标注是否满足塑件成型的精度要求）。此外还应检查温度调节系统的布置是否合理。

4）对计算部分，着重分析计算依据，所采用的公式及数据来源是否可靠，计算结果是否正确等。

5）通过课程设计，认真总结自己在哪些方面取得了较为明显的提高。还可对自己的设计所具有的特点和不足进行分析与评价。

课题三　课程设计答辩

知识点：
课程设计答辩内容
能力点：
课程设计答辩内容

1. 课程设计答辩的目的

课程设计答辩是课程设计的重要组成部分。它不仅是为了考核和评估设计者的设计能力、设计质量与设计水平，而且通过总结与答辩，使设计者对自己设计工作和设计结果进行一次较全面系统的回顾、分析与总结。从而达到“知其然”也“知其所以然”的目的，是一次知识与能力进一步提高的过程。

2. 课程设计答辩的准备工作

1）答辩前必须完成全部设计工作量。

2）必须整理好全部设计图样及设计说明书。图样必须折叠整齐，说明书必须装订成册，然后与图样一起装袋，呈交指导老师审阅。

模块 五 塑料模具设计实例

教学目标：

掌握 UG 两板模及其三板模的基本画法

知识点及能力点：

UG 两板模及其三板模的基本画法

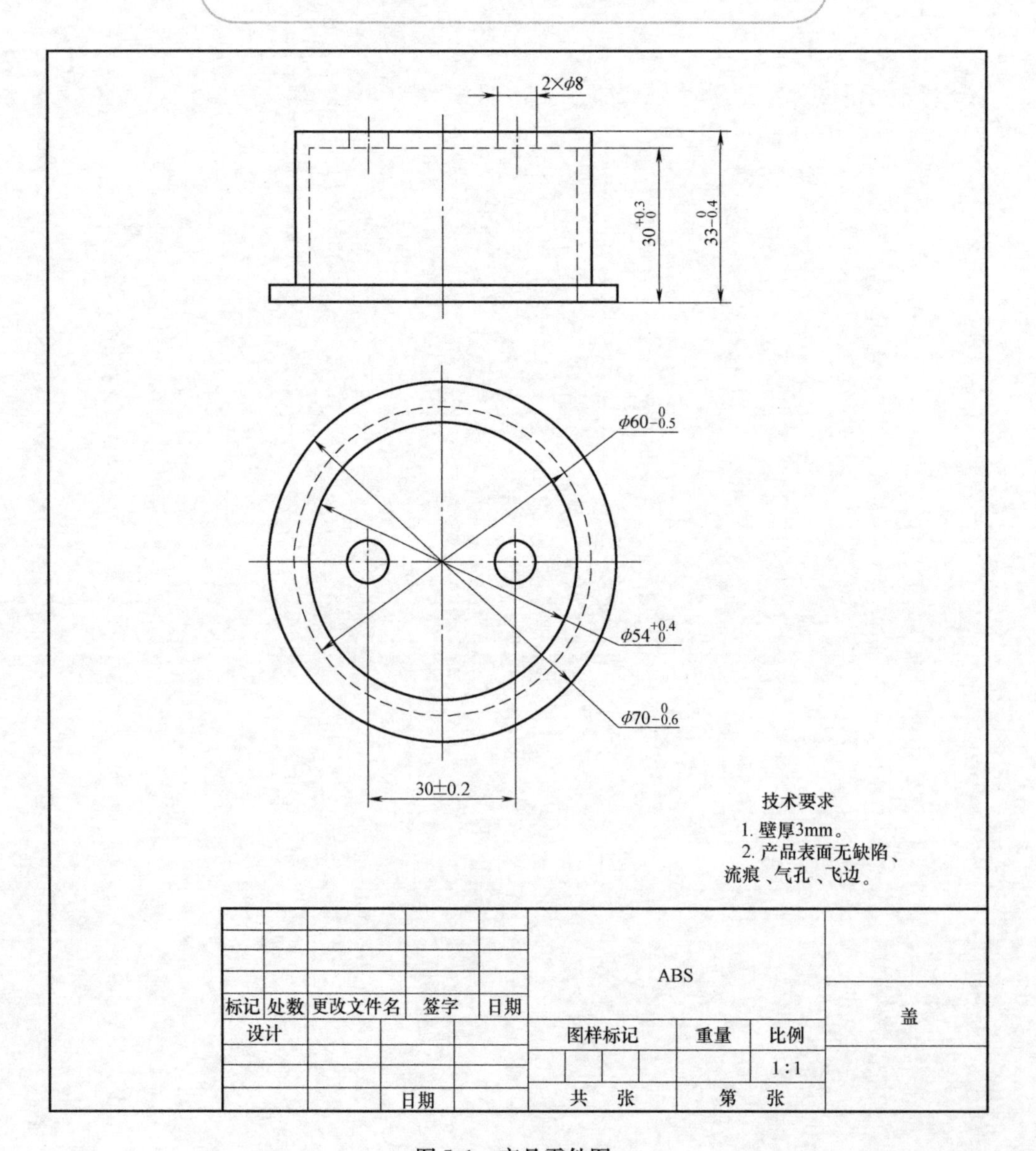

图 5-1　产品零件图

注塑模课程设计任务书

1）塑料制品名称：盖。

2）产品材料：ABS，收缩率为0.5%～0.7%。

3）生产批量：100万件。

4）产品零件图（图5-1）。

5）设计该产品的注塑模具，绘制总装图及其主要零件的零件图。

课题一 注塑模具两板模3D设计

（1）启动软件 利用UG软件按照图5-1建立产品三维模型，放脱模斜度单边18′。进入注塑模向导的过程如图5-2所示。

（2）打开模型 打开所画的产品三维模型keti.prt文件。

（3）进入向导 进入UGMoldWizard注塑模向导（图5-2）出现该模块的工具条（图5-3）。

图5-2 进入注塑模向导

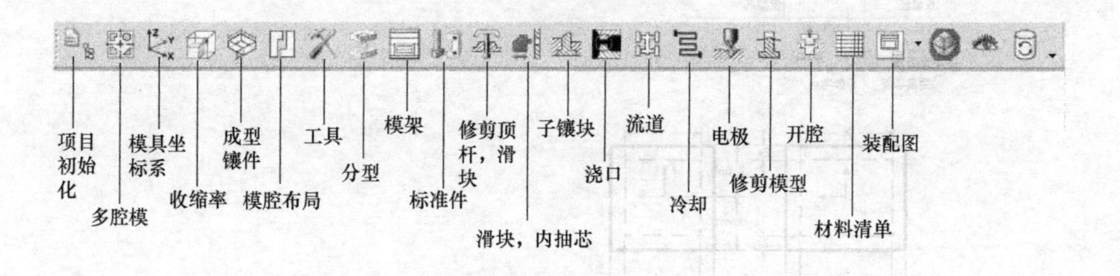

图5-3 注塑模向导工具条

（4）项目初始化 单击keti.prt对项目进行初始化，出现如图5-4所示的项目初始化对话框。

注意此处最好将产品文件单独放到一个文件夹内，初始化后自动生成的模具装配体都放置在同一个文件夹中，可方便对文档进行管理。

在对话框中，可以根据产品材料来自行添加收缩率，如果想以后手动添加可以在初始化完成后再进行修改。由于零件材料为ABS，其收缩率为0.6%，在收缩率处填写1.006，修改完成后单击确定，其他内容一般不作修改。

完成后请保存，注意在该模块中进行保存必须点“全部保存”，在绘图过程中要随时保存文件，避免资料的丢失。

（5）锁定坐标系 初始化完成后需要确定分型面的位置，以及调整坐标系位置。将坐标系XY平面定在分型面所在平面上，Z轴正方向指向定模方向，然后单击出现如

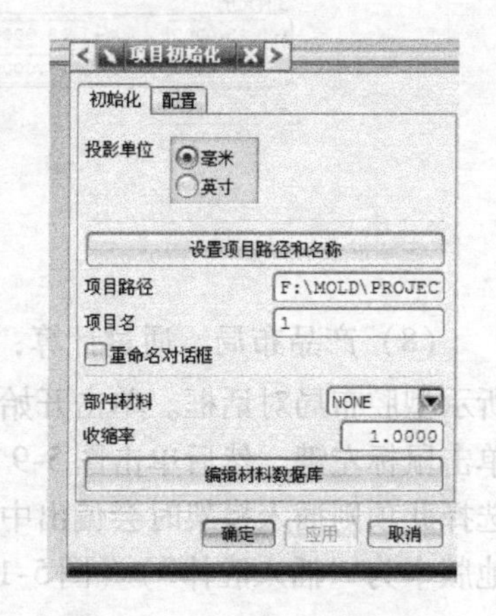

图5-4 项目初始化对话框

图 5-5 所示锁定坐标系对话框，单击确定即完成了坐标系的锁定。

（6）更改收缩率 如在初始化时，未设定收缩率，单击，完成收缩率的设置（图 5-6）。

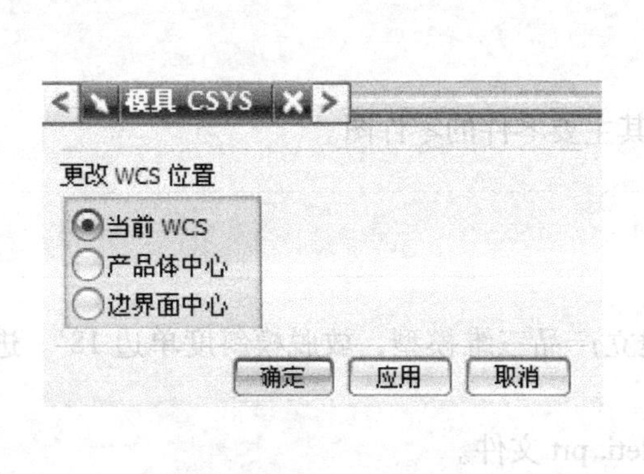

图 5-5 锁定坐标系对话框

图 5-6 收缩率设置

（7）定义成型镶件 单击 MouldWizard 工具条中的成型镶件图标，出现如图 5-7 所示的工件尺寸对话框。将尺寸修改成如图 5-8 所示，单击确定。

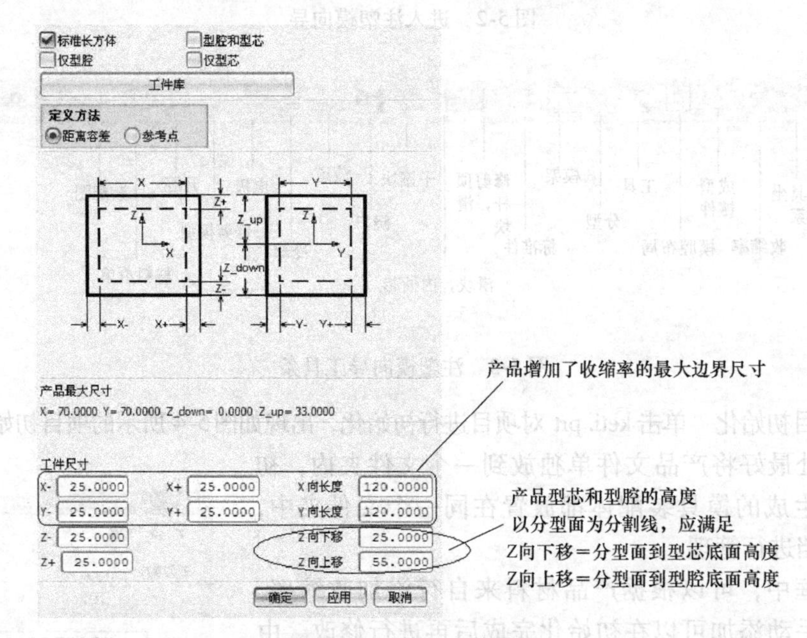

图 5-7 工件尺寸对话框

（8）产品布局 通过计算，该模具设计为一模两腔、单击开始布局，出现如图 5-9 所示型腔布局对话框。单击开始布局，出现如图 5-10 所示开始布局对话框，在布局方向上单击鼠标左键。然后单击图 5-9 的自动对准中心，坐标将会自动移动两腔的中心位置，若不选择此项则插入模架时会偏出中心位置，布局完成后单击选“刀槽”（5.0 版本的翻译，其他版本为“插入腔体”）（图 5-11）。

（9）产品分型 单击出现如图 5-12 所示分型管理器菜单，单击对产品进行补片

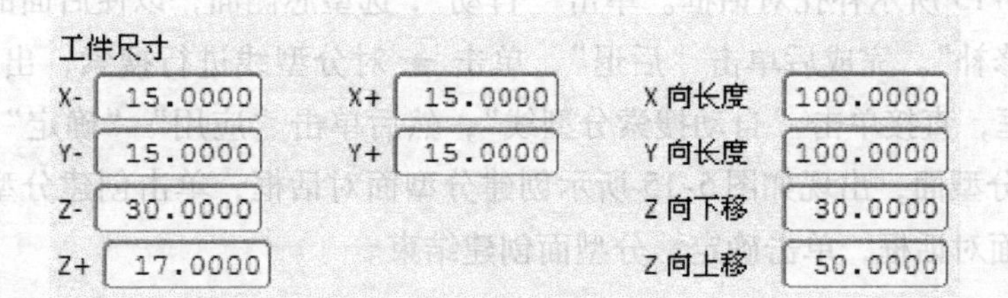

图 5-8　成型镶件尺寸设置

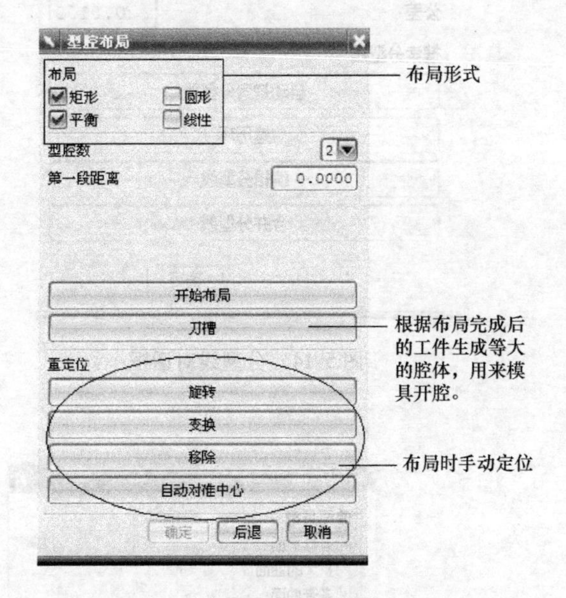

图 5-9　型腔布局

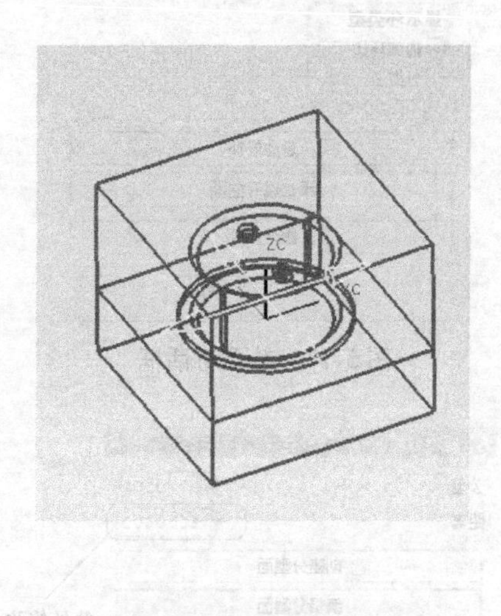

图 5-10　开始布局

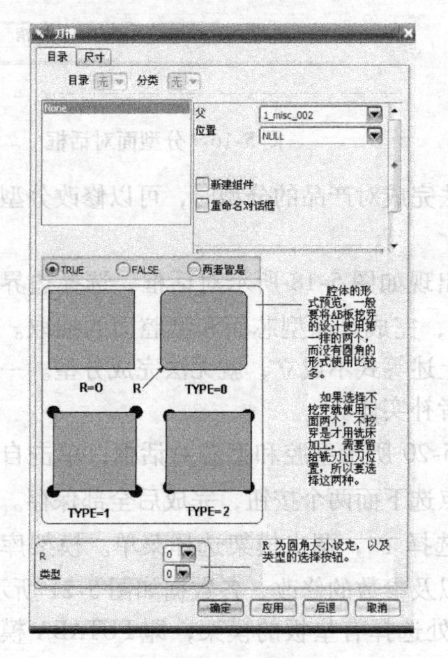

图 5-11　刀槽

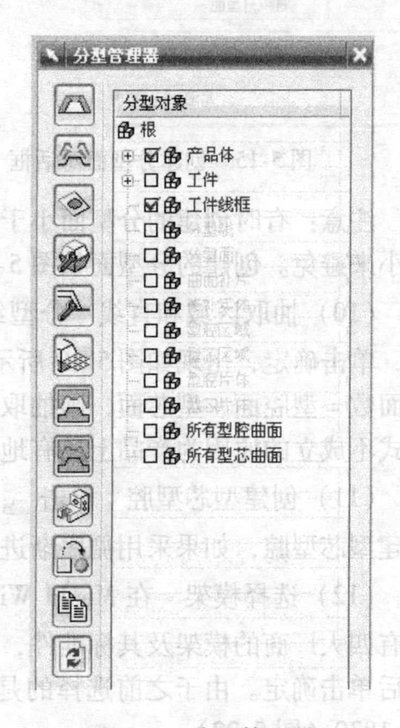

图 5-12　分型管理器

体，出现如图 5-13 所示补孔对话框。单击“自动”，选型芯侧面，以便后面的镶块设计。然后单击“自动修补”。完成后单击“后退”，单击对分型线进行搜索，出现如图 5-14 所示分型线对话框，直接单击“自动搜索分型线”，然后单击“应用”“确定”，抽取分型线。再单击创建分型面，出现如图 5-15 所示创建分型面对话框，单击创建分型面，出现如图 5-16 所示分型面对话框，单击确定，分型面创建结束。

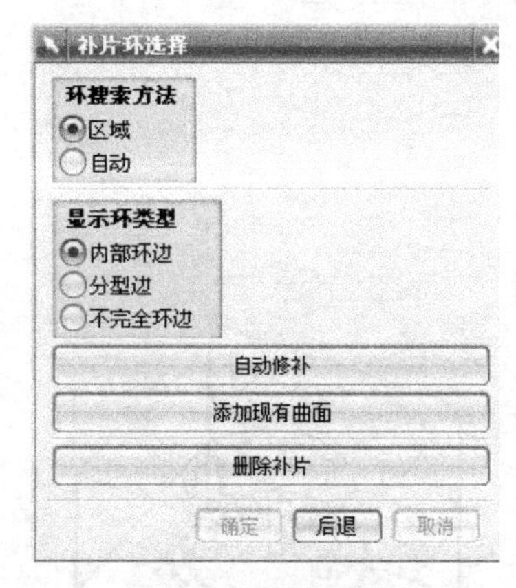

图 5-13　补孔对话框

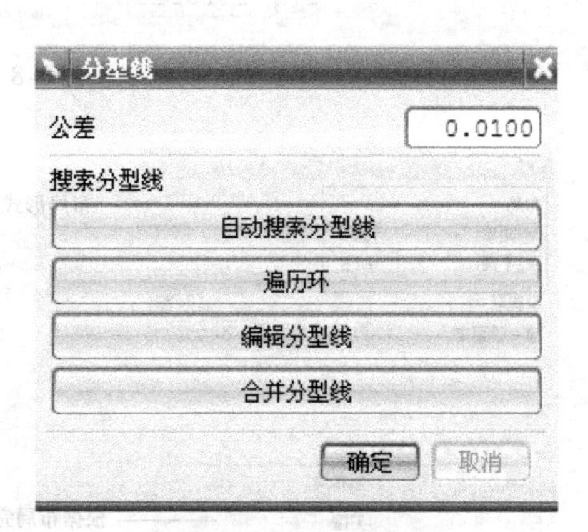

图 5-14　分型线对话框

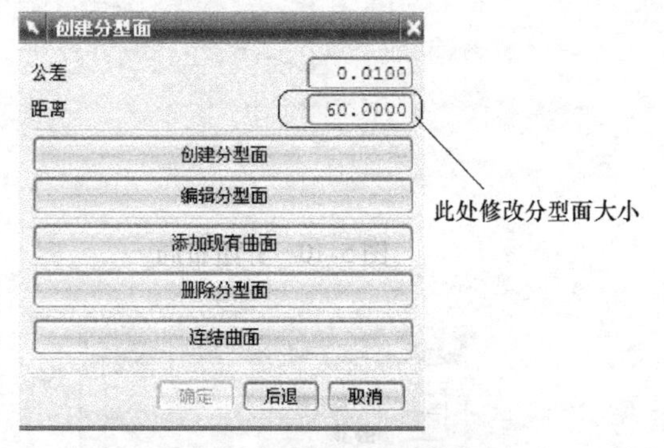

图 5-15　创建分型面对话框

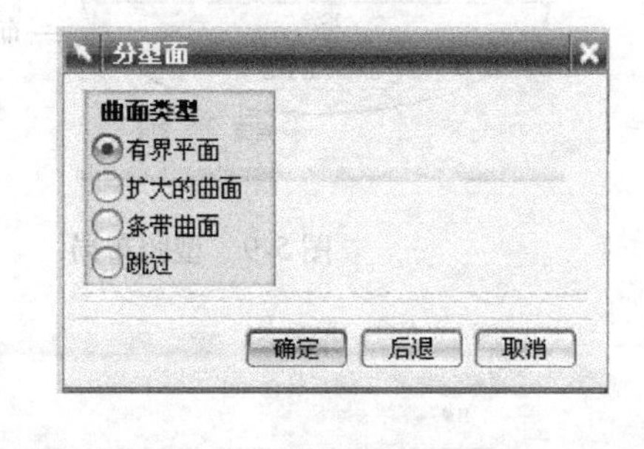

图 5-16　分型面对话框

注意：有时创建的分型面小于工件大小导致无法完成对产品的分型时，可以修改分型面大小来避免。创建的分型面如图 5-17 所示。

（10）抽取区域和直线　分型结束后，单击出现如图 5-18 所示对话框，选择边界区域，单击确定，出现如图 5-19 所示抽取区域对话框，完成产品型芯面和型腔面的抽取。若总面数 = 型腔面 + 型芯面，则抽取结果正确，如果上述等式不成立，就无法完成分型。一般等式不成立的原因为产品上还有地方需要补片面或者补实体。

（11）创建型芯型腔　单击图标，出现如图 5-20 所示型腔和型芯对话框，单击自动创建型芯型腔，如果采用循序渐进的方式可以顺序点选下面两个按钮，完成后全部保存。

（12）选择模架　在 Mould Wizard 工具菜单中选择，调出模架选择菜单。模架库中含有四大厂商的模架及其标准件，对模架进行选择以及参数的修改，各数据如图 5-21 所示，然后单击确定。由于之前选择的是挖穿的腔体，此处选择有垫板的模架，即 FUTABA 模架 SA 1830（图 5-22）。

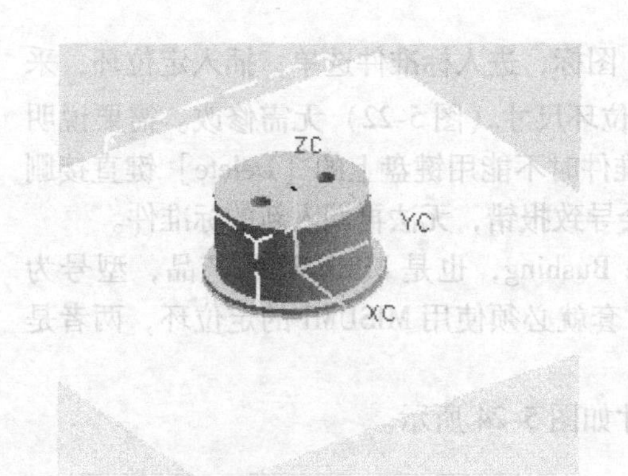

图 5-17 分型面

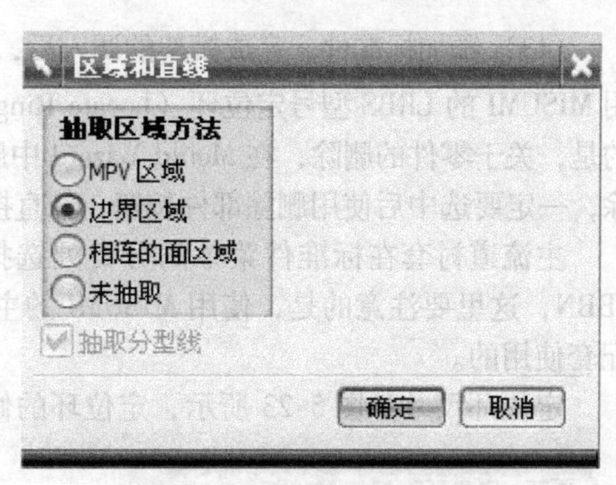

图 5-18 区域和直线对话框

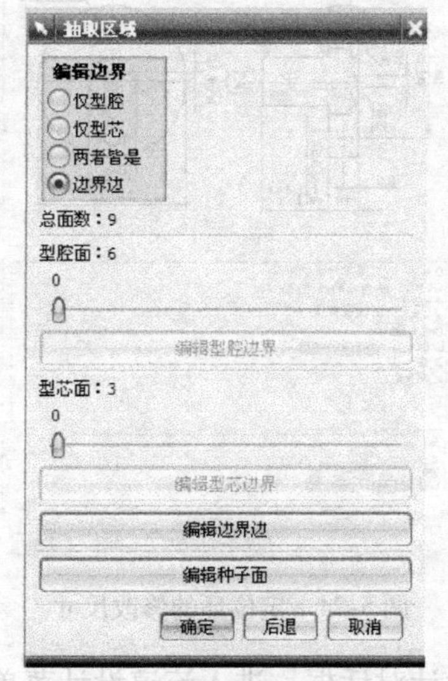

图 5-19 抽取区域对话框

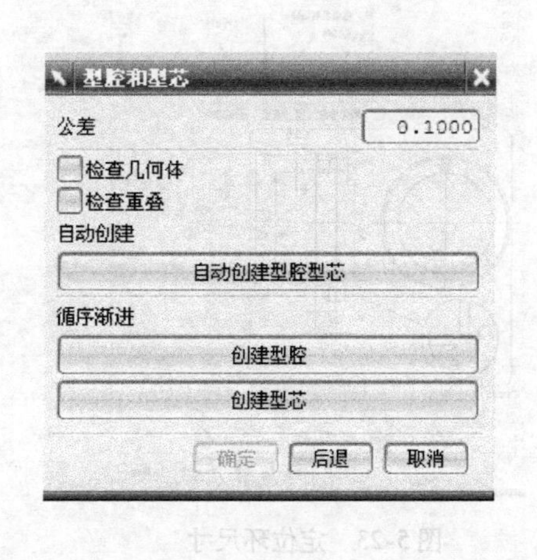

图 5-20 型腔和型芯对话框

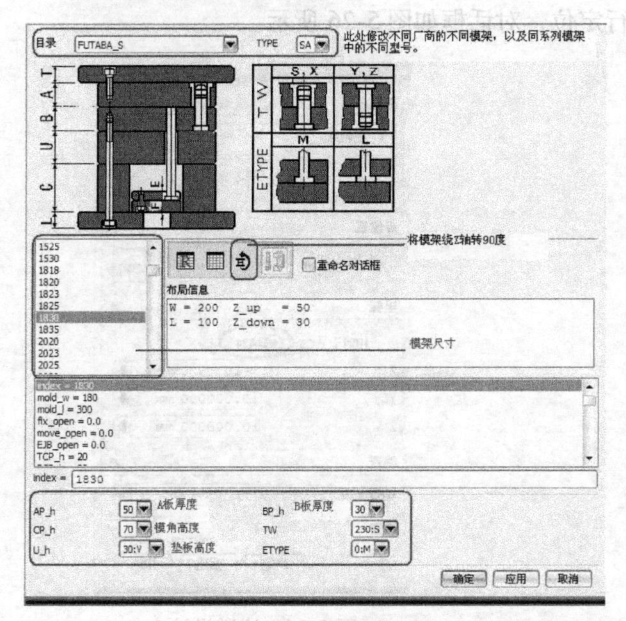

图 5-21 选择模架

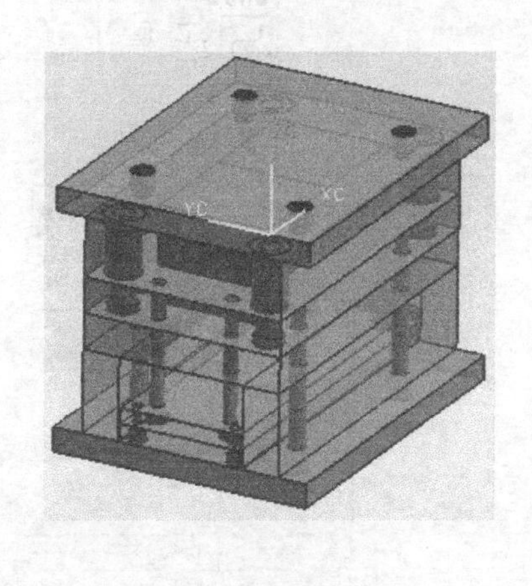

图 5-22 模架

(13) 添加标准件　完成模架的调入后，单击图标，进入标准件选单，插入定位环，采用 MISUMI 的 LRBS 型号定位环（Locate Rings），定位环尺寸（图 5-22）无需修改。需要说明的是，关于零件的删除，在 Mould Wizard 中删除标准件时不能用键盘上的［Delete］键直接删除，一定要选中后使用删除部件按钮。如直接删除会导致报错，无法再调入新的标准件。

主流道衬套在标准件菜单的分类处选择 Sprue Bushing，也是 MISUMI 的产品，型号为 SBBN，这里要注意的是，使用 MISUMI 的主流道衬套就必须使用 MISUMI 的定位环，两者是配套使用的。

定位环尺寸如图 5-23 所示，定位环的修改尺寸如图 5-24 所示。

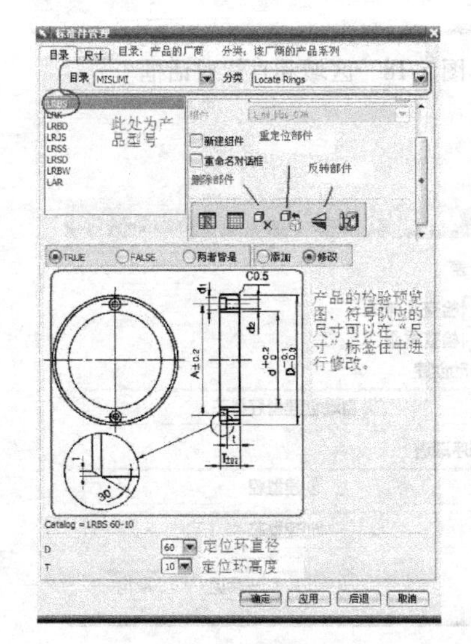

图 5-23　定位环尺寸

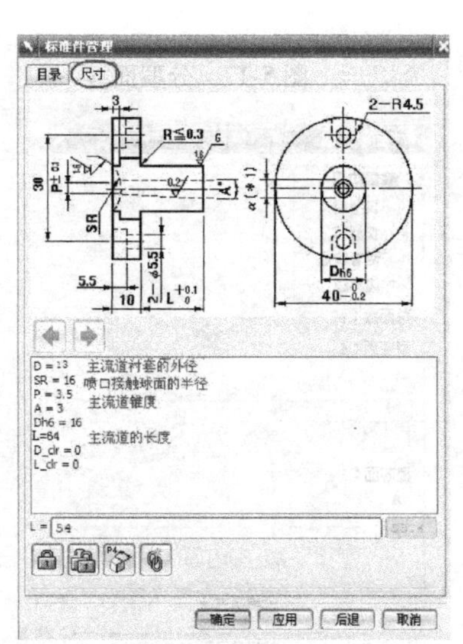

图 5-24　定位环的修改尺寸

(14) 流道设计　单击出现如图 5-25 所示的流道设计对话框，进入流道设计菜单单击进入，再单击“点子功能”点进行定位，对话框如图 5-26 所示。

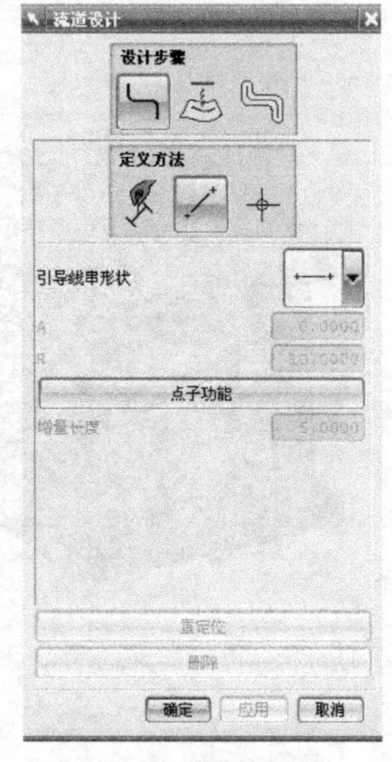

图 5-25　流道设计 1

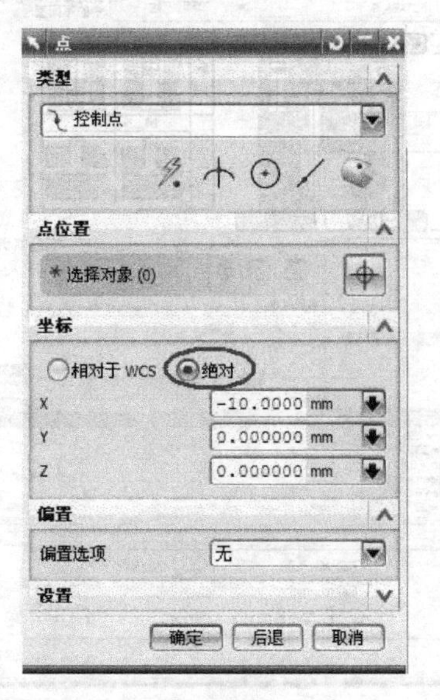

图 5-26　流道设计 2

第一点坐标为（-10，0，0），第二点坐标为（10，0，0）。生成直线后对截面进行编辑，截面选择为直径8mm，半圆形，放置在型腔一面，如图5-27所示。

（15）浇口设计　单击进入菜单，选择fan（扇形浇口），这里因为产品形状关系，选择该浇口能够得到更好的表面质量，设定参数如图5-28所示。

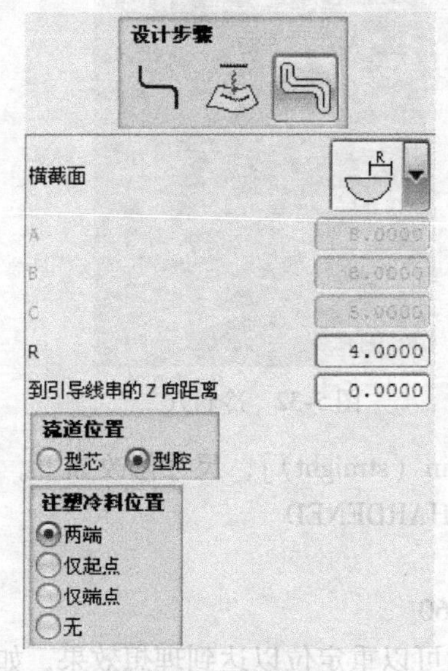

图5-27　流道设计3

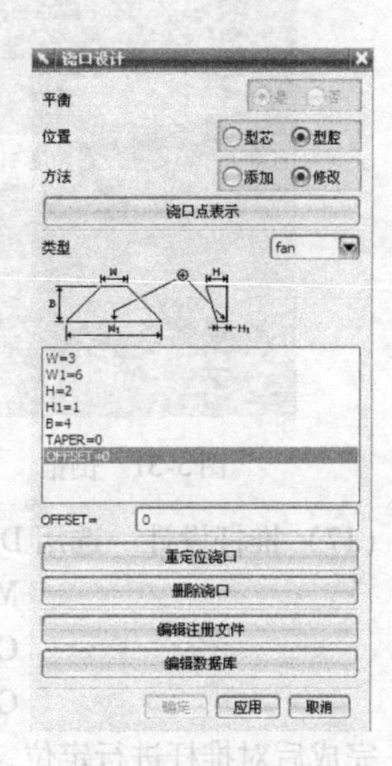

图5-28　浇口设计

定位使用控制点确定定位位置，位置的修改可使用“重定位浇口”来完成，如图5-29所示。

重定位中的变换和旋转表示的含义为

1）变换：轴向移动。

2）旋转：选择旋转轴作为矢量，生成的浇口如图5-30所示。

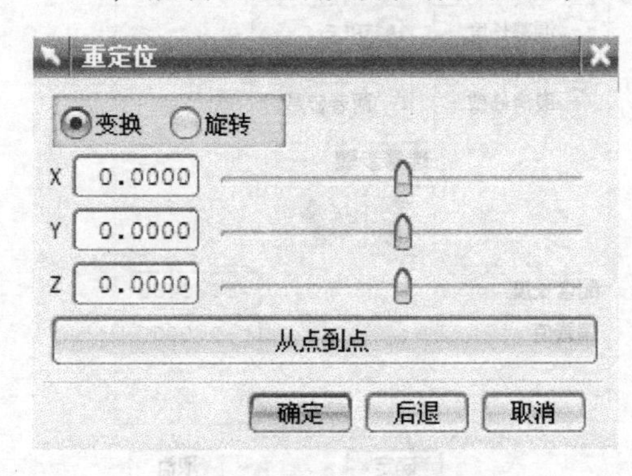

图5-29　浇口重定位

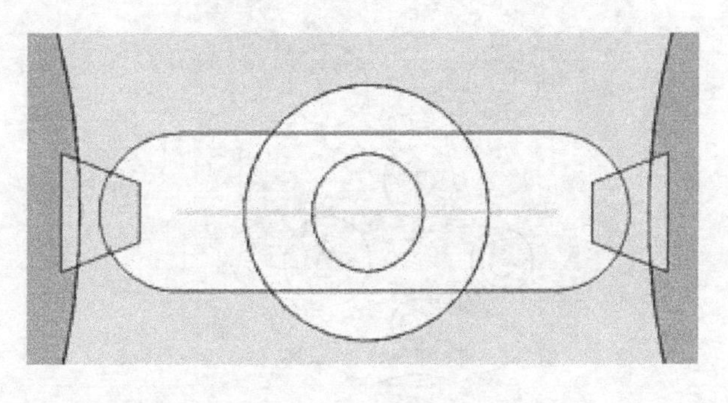

图5-30　生成的浇口

（16）拉料杆及冷料穴的设计　确定冷料穴的类型，这里采用的是倒锥形的冷料穴，用顶杆代替拉料杆。单击标准件，目录为DME_MM，分类为Ejection，直径选择7mm，CATALOG LENGTH在尺寸修改中改为105mm然后对所有被拉料杆穿过的板子进行挖腔，工具体为拉料杆。

然后打开动模板（B板）进行编辑，找到挖腔后留下的不通孔，拉伸孔底面至分型面，生成圆柱，然后对该圆柱进行脱模，脱模斜度设为3°，然后求差，冷料穴和拉料杆设计完成，如图5-31和图5-32所示。

图5-31 倒锥

图5-32 冷料穴

（17）推杆设计 选用DME MM的直推杆［Ejector Pin（straight）］，尺寸修改如下。

MATERIAL	HARDENED
CATALOG DIA	4
CATALOG LENGTH	160

完成后对推杆进行定位，四根推杆位置对称，完成后可以重定位以达到理想效果，如图5-33所示。

（18）推杆修剪 单击后选择推杆就可完成修剪，对话框如图5-34所示，修剪完成后以推杆为工具体进行挖腔。

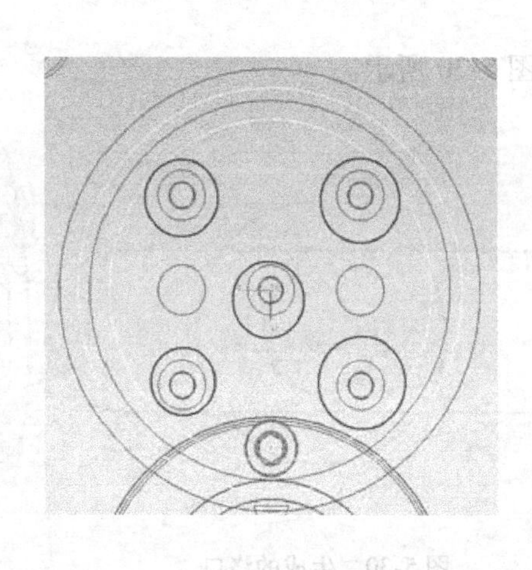

图5-33 推杆位置定位

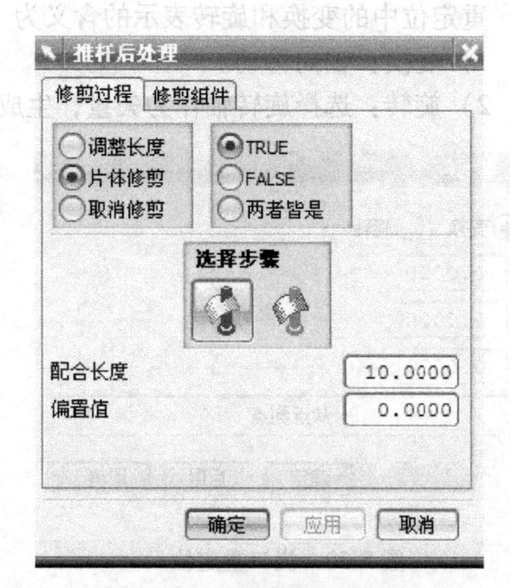

图5-34 推杆修剪对话框

（19）镶块设计 该产品的型芯部分采用镶块设计，首先打开Core文件。如图5-35所示对圈出项双击打开。

单击出现模具工具菜单（图5-36），单击轮廓拆分，选择型芯确认，如图5-37所示。然后选中要作为切割轮廓的轮廓线，选择后选择“后退”方向为开模方向，将第二挡数值调大，直到超过产品后确认（图 5-38）。

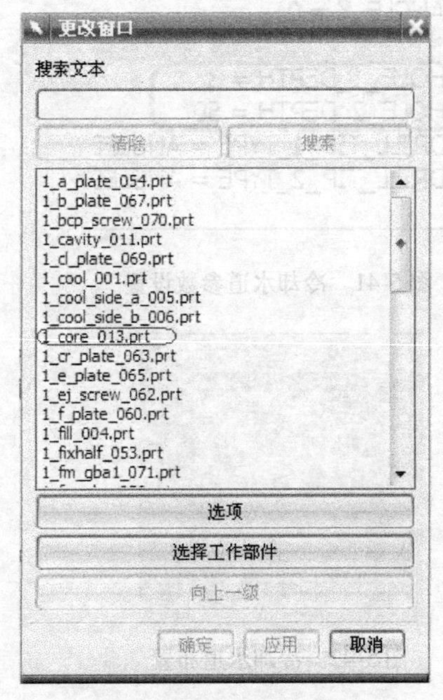

图 5-35　打开型芯部件

图 5-36　模具工具菜单

图 5-37　轮廓拆分命令

完成后为圆柱部分制作台阶，台阶高度 4mm，完成后如图 5-39 所示，保存文件回到装配树 TOP 文件。对动模板（B 板）进行挖腔，目标体为动模板（B 板），单击 实体 后选择型芯圆柱体为工具体。将该圆柱棒料定位 Core 替换原来的型芯，打开装配导航器，型芯设计完成。

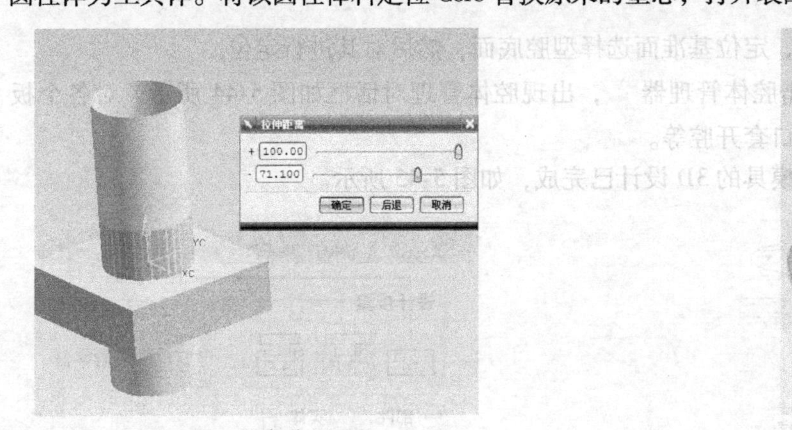

图 5-38　轮廓分割型芯

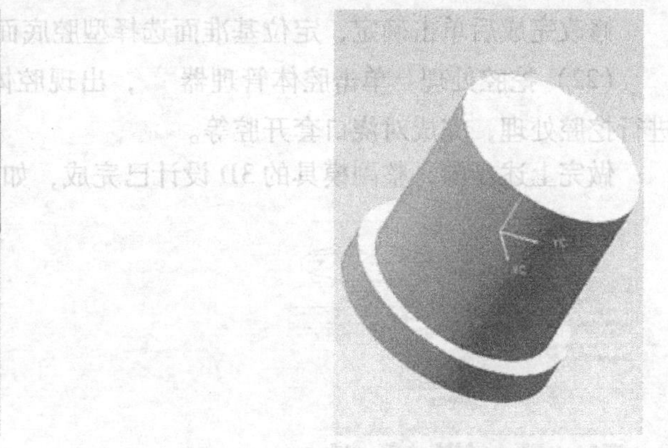

图 5-39　建立台阶

（20）冷却系统设计　单击 ，出现如图 5-40 所示冷却水道设计对话框，进行冷却系统设计，参数设置如图 5-41 所示。单击应用后，选择型腔侧壁外侧表面，添加四根冷却水道，两侧对称添加，冷却水道布置效果如图 5-42 所示。

选择合适的 PIPE PLUG（冷却水塞头）与 EXTENSION PLUG（延长型冷却水管接头），该接头采用管螺纹直接与型腔或型芯联接，安装方便。

（21）添加螺钉　主流道衬套的螺钉尺寸和之前的定位环螺钉尺寸一样，单击标准件菜单后选中定位环上的螺钉出现如图 5-43 所示对话框，单击 添加 后确定，选择面定位即可。

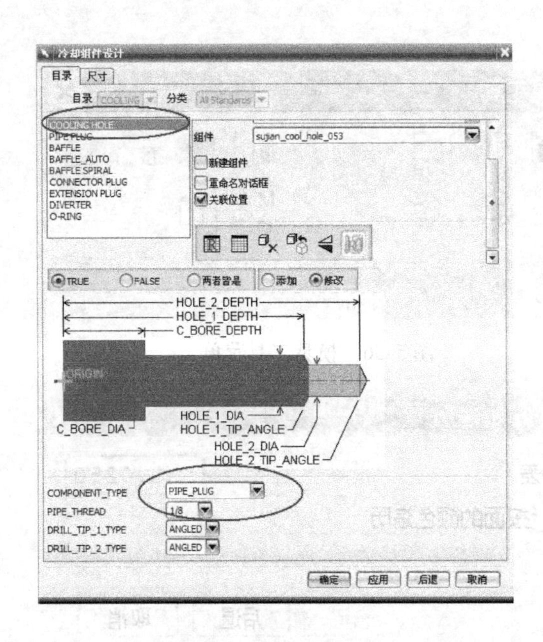

图 5-40　冷却水道设计

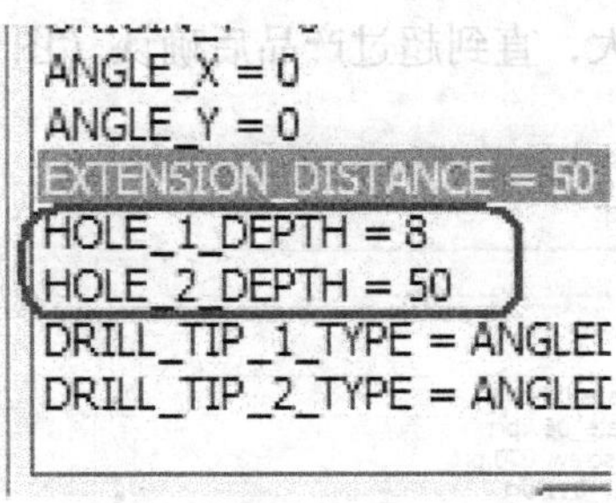

ANGLE_X = 0
ANGLE_Y = 0
EXTENSION_DISTANCE = 50
HOLE_1_DEPTH = 8
HOLE_2_DEPTH = 50
DRILL_TIP_1_TYPE = ANGLED
DRILL_TIP_2_TYPE = ANGLED

图 5-41　冷却水道参数设置

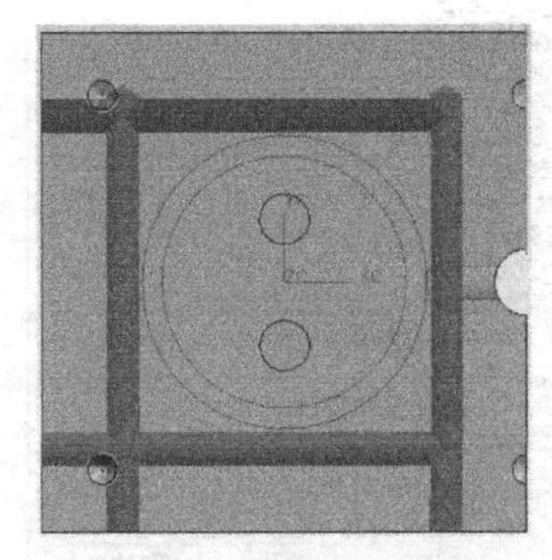

图 5-42　冷却水道布置

对型腔添加螺钉进行固定，尺寸修改如下：

SIZE = 8；

ORIGIN_TYPE = 3；

LENGTH = 2；

ENGAGE_MIN = 18。

修改完成后单击确定，定位基准面选择型腔底面，然后对其进行定位。

（22）挖腔处理　单击腔体管理器，出现腔体管理对话框如图 5-44 所示，对各个板进行挖腔处理，完成对浇口套开腔等。

做完上述步骤，整副模具的 3D 设计已完成，如图 5-45 所示。

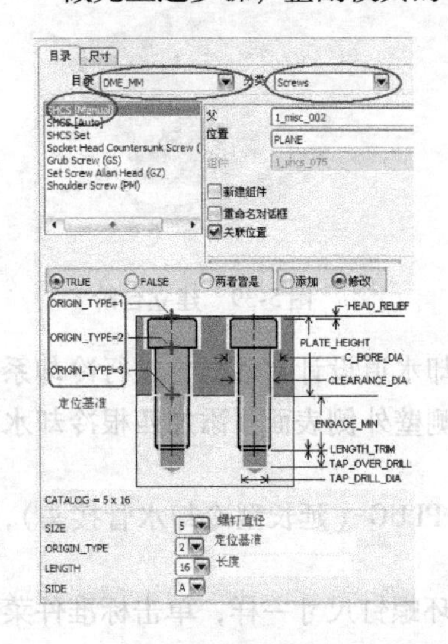

图 5-43　添加螺钉

图 5-44　腔体管理

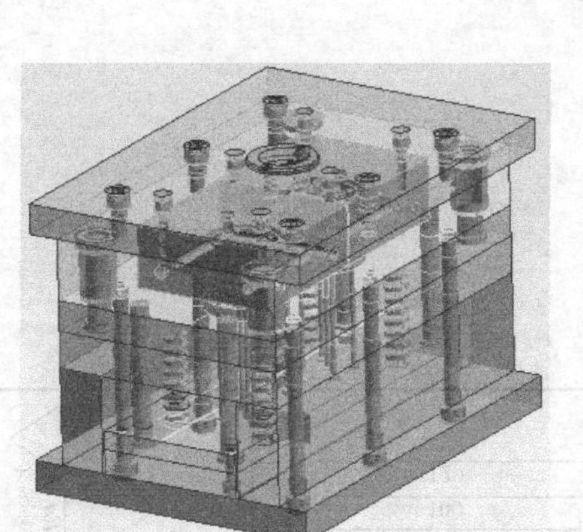

图 5-45 模具 3D 效果图

课题二 注塑模具两板模 2D 设计

注塑模具两板模 2D 设计的图样如下，动模座板（图 5-46）、推杆固定板（图 5-47）、定模座板（图 5-48）、垫板（图 5-49）、型腔（图 5-50）、型芯（图 5-51）、总装图（图 5-52）。

图 5-52 见书后插页。

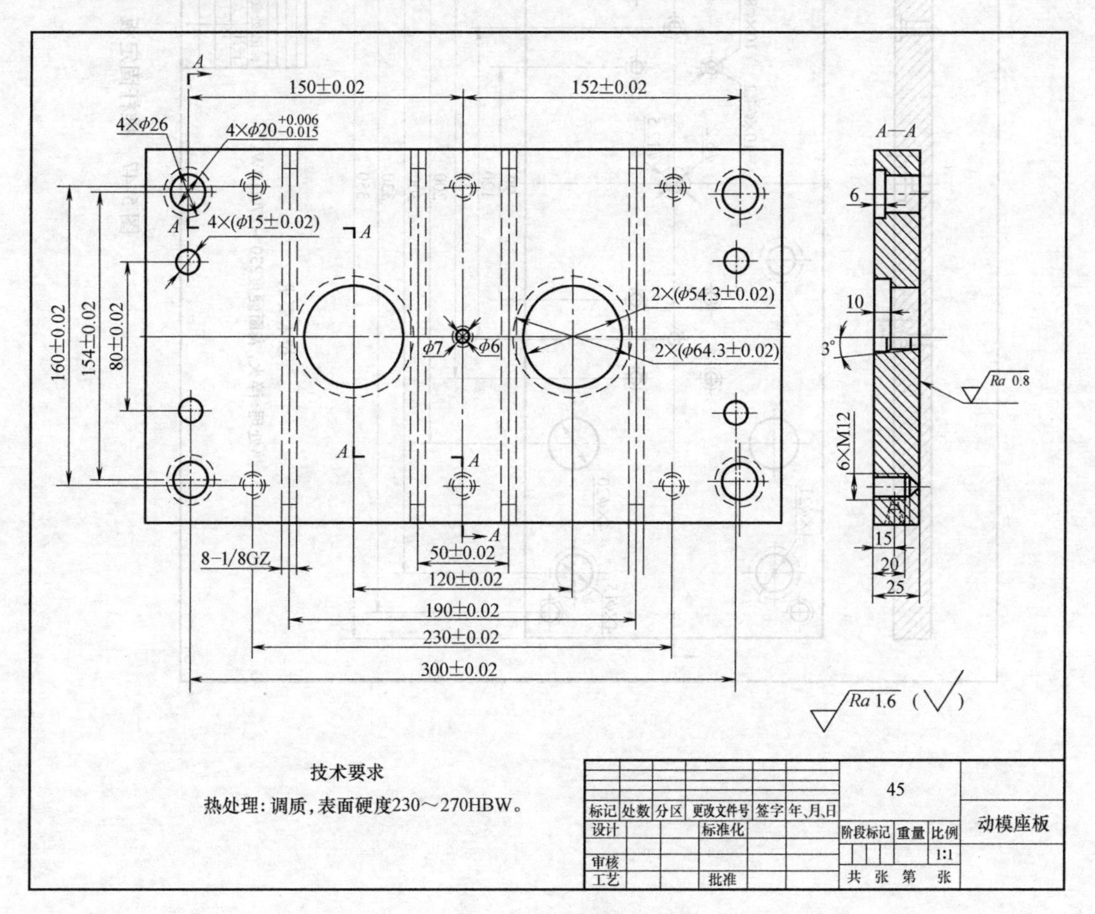

图 5-46 动模座板

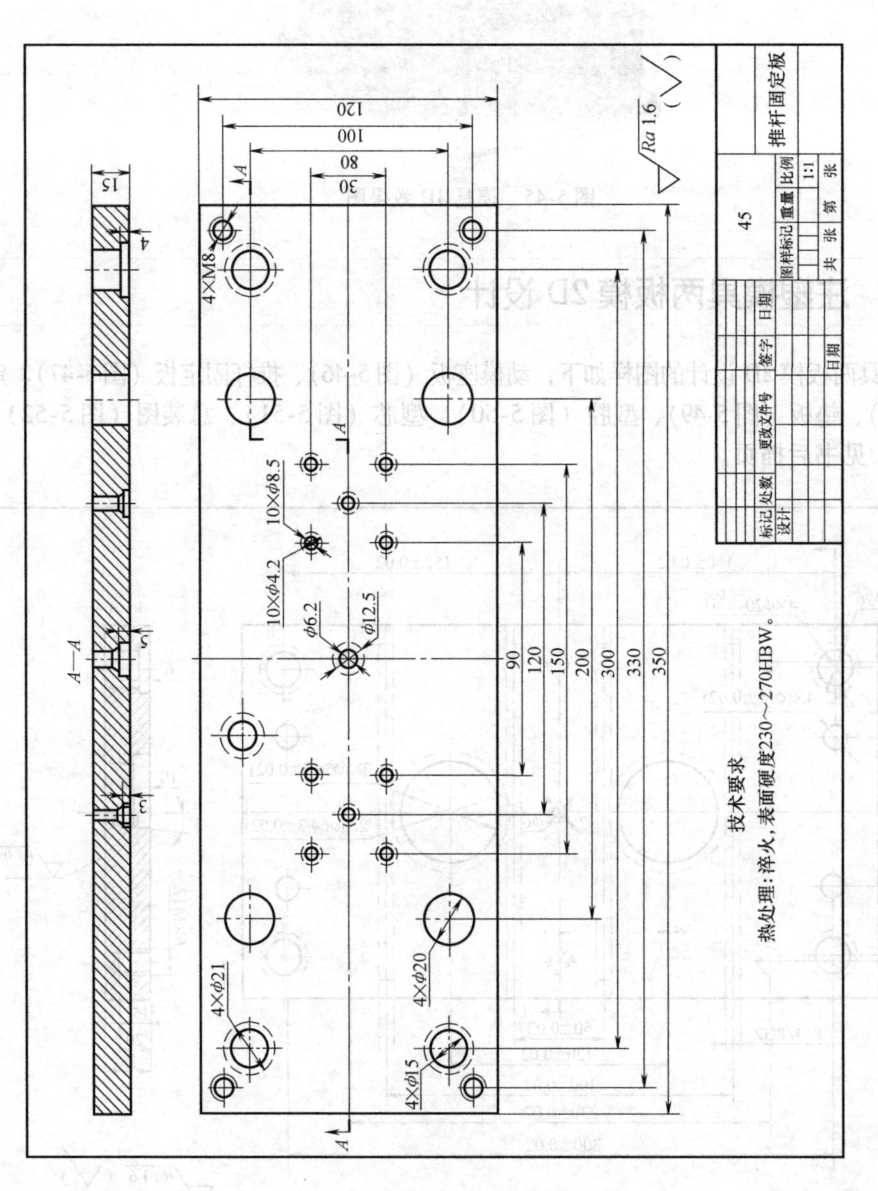
A—A
15
4
5
3
120
100
80
30
A
4×M8
10×φ8.5
10×φ4.2
φ6.2
φ12.5
4×φ21
4×φ20
4×φ15
90
120
150
200
300
330
350
Ra 1.6
技术要求
热处理：淬火，表面硬度230～270HBW。
45
推杆固定板
标记 处数 更改文件号 签字 日期
设计
图样标记 重量 比例
1:1
共 张 第 张

图 5-47 推杆固定板

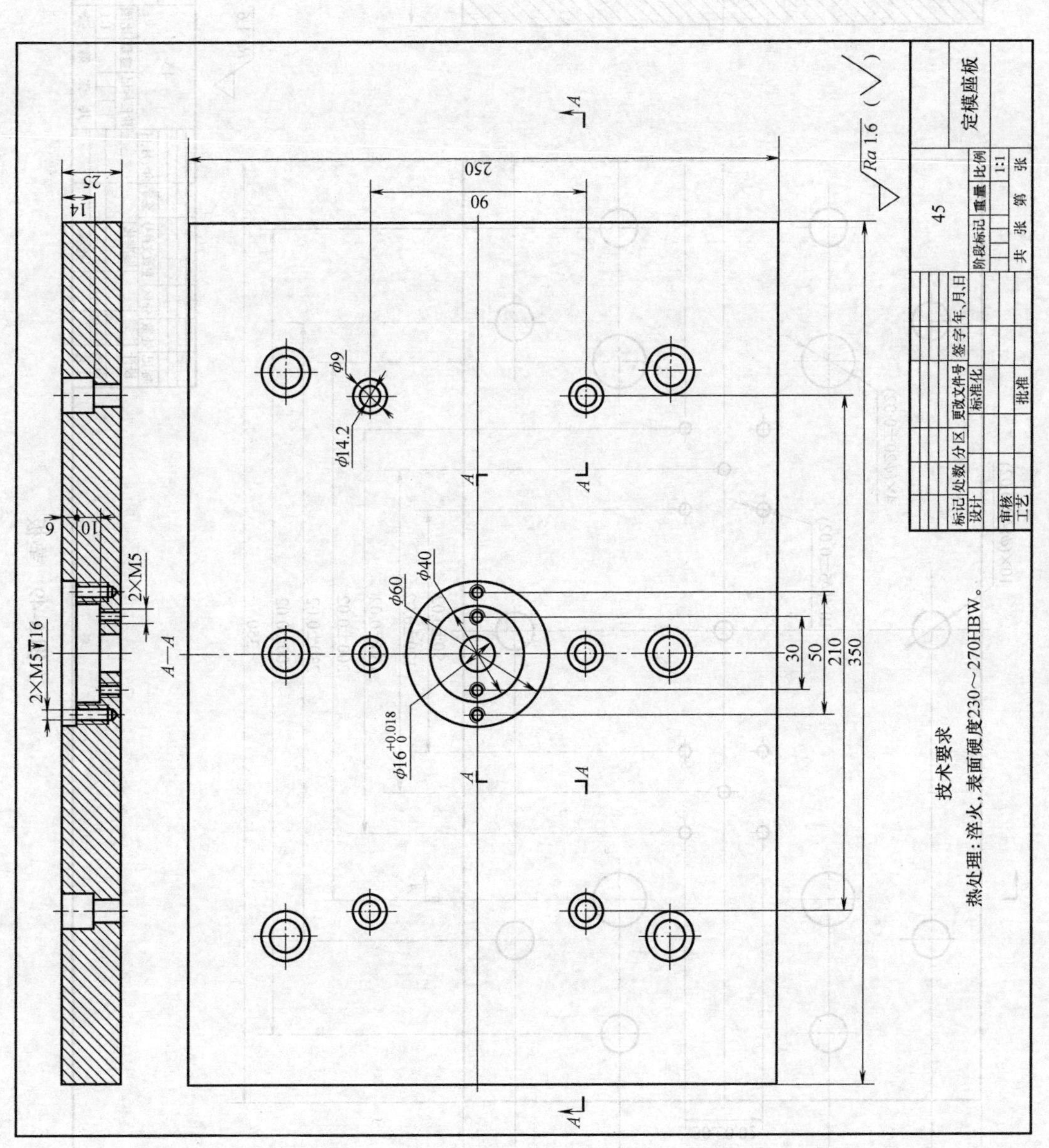
A—A
2×M5▼16
2×M5
14
25
10
6
250
90
φ9
φ14.2
φ40
φ60
φ16$^{+0.018}_{0}$
30
50
210
350
A
Ra 1.6
技术要求
热处理：淬火，表面硬度230～270HBW。
45
定模座板
标记 处数 分区 更改文件号 签字 年、月、日
设计 标准化 阶段标记 重量 比例
1:1
审核
工艺 批准 共 张 第 张

图 5-48 定模座板

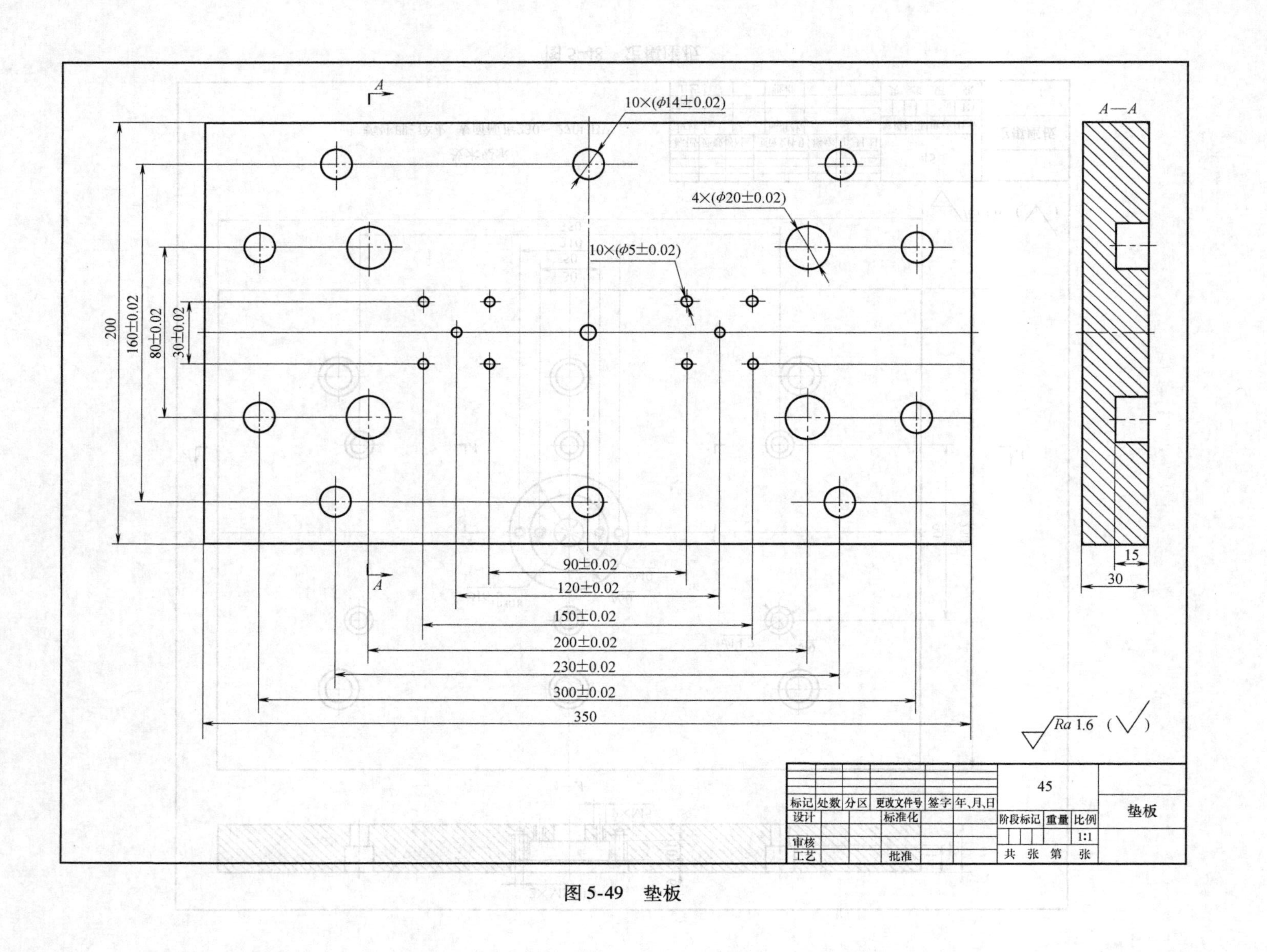
A
A
10×(φ14±0.02)
4×(φ20±0.02)
10×(φ5±0.02)
A—A
200
160±0.02
80±0.02
30±0.02
15
30
90±0.02
120±0.02
150±0.02
200±0.02
230±0.02
300±0.02
350
Ra 1.6
45
垫板
标记 处数 分区 更改文件号 签字 年、月、日
设计 标准化 阶段标记 重量 比例
1:1
审核
工艺 批准 共 张 第 张

图 5-49 垫板

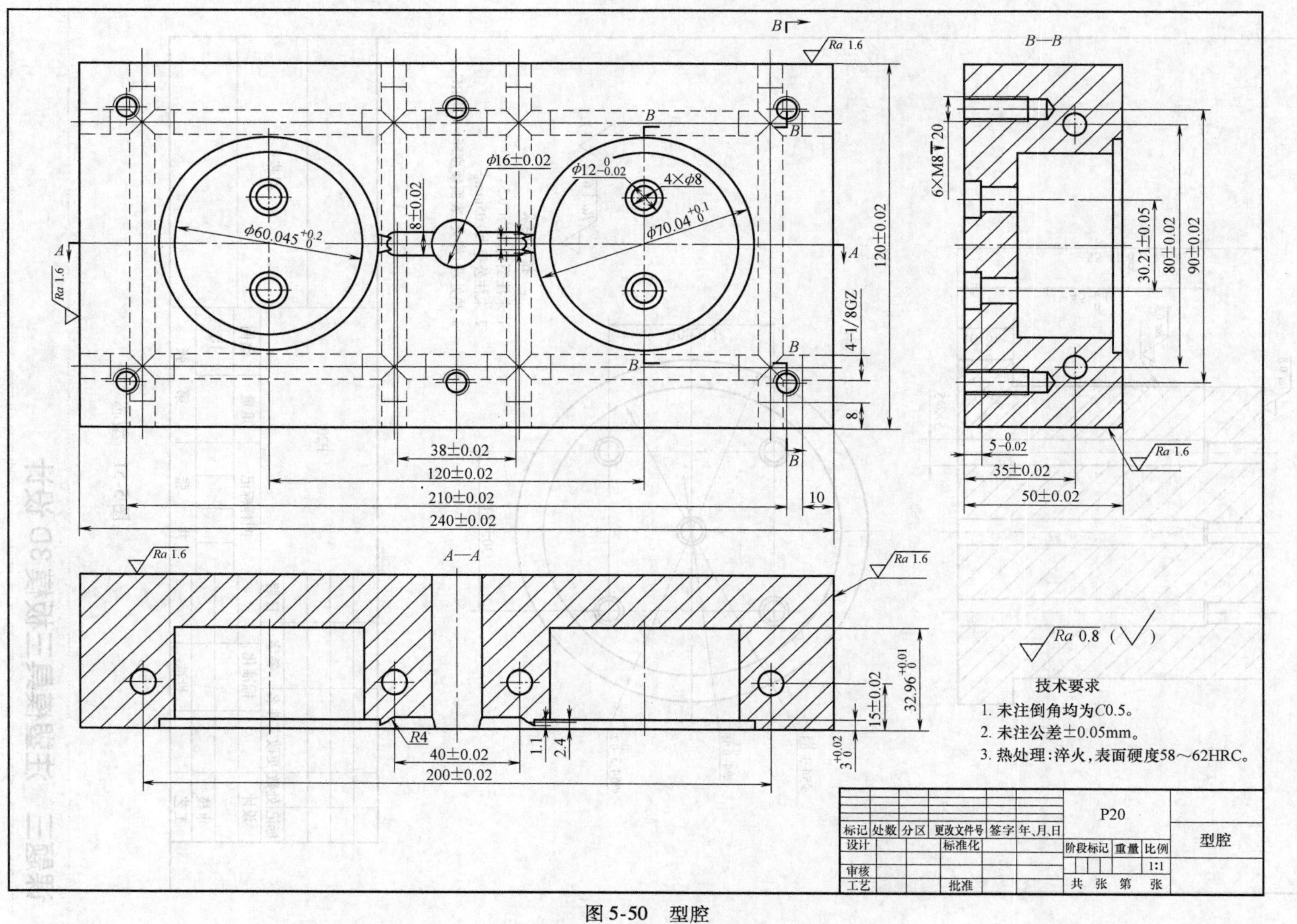
B—B
φ16±0.02
φ12−0.02 0
4×φ8
φ60.045 +0.2 0
φ70.04 +0.1 0
8±0.02
120±0.02
4-1/8GZ
8
38±0.02
120±0.02
210±0.02
240±0.02
10
6×M8↧20
30.21±0.05
80±0.02
90±0.02
5−0.02 0
35±0.02
50±0.02
A—A
R4
40±0.02
200±0.02
1.1
2.4
15±0.02
32.96 +0.01 0
3 +0.02 0
Ra 1.6
Ra 0.8 (√)
技术要求
1. 未注倒角均为C0.5。
2. 未注公差±0.05mm。
3. 热处理:淬火,表面硬度58～62HRC。
标记 处数 分区 更改文件号 签字 年、月、日
设计 标准化
审核
工艺 批准
P20
阶段标记 重量 比例
1:1
共 张 第 张
型腔

图 5-50 型腔

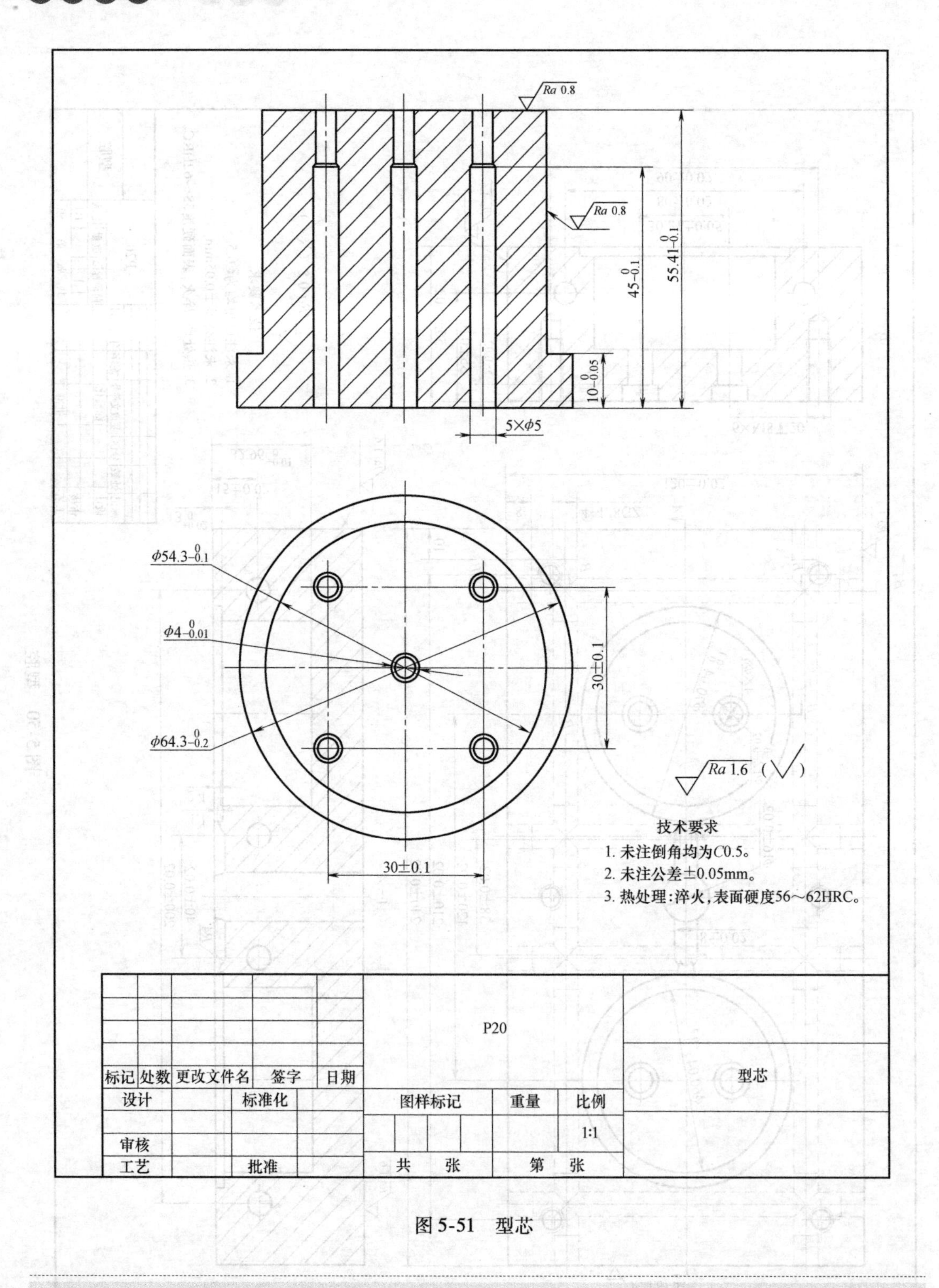

图 5-51　型芯

课题三　注塑模具三板模 3D 设计

三板模和两板模的最大区别在于模架上多了一块推料板，帮助浇注系统的脱落。使用三板模设计的模具必须使用点浇口设计，即与两板模相比三板模最大的区别在于浇注系统的设计。采用两板模零件，在调模架之前的操作都和两板模的设计相同。

1. 模架选择

这里还是选用 FUTABA 的模架，这次采用推板推出，值得注意的是因为三板模机构上的关系比两板模要更复杂，所以要选择尺寸比两板模时更大一点的模架。

选择 FUTABA HB 2540 模架，尺寸设定值如图 5-53 所示 。此处要注意对于三板模的设计，定模板（A 板）是不能被挖穿的，所以定模板（A 板）的高度必须高出型腔的高度，并且要留一定的余量来设计浇注系统。

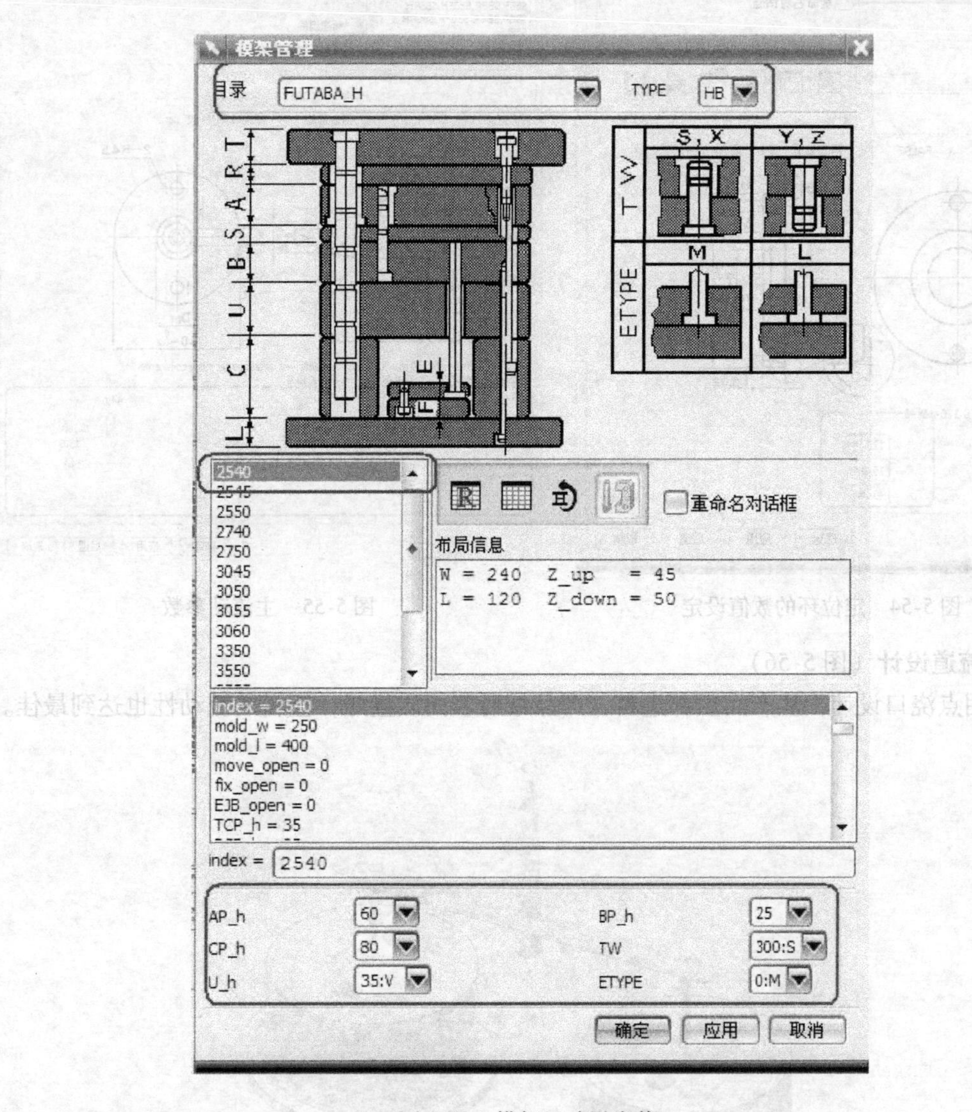

图 5-53 模架尺寸设定值

2. 定位环的选择

必须选择大直径的定位环，因为浇注系统中的拉料钉需要依靠其固定。定位环的数值设定如图 5-54 所示。

3. 主流道的选择

三板模的主流道衬套和两板模的主流道选择有所不同，因为推料板是运动的，直壁的主流道衬套在推料板运功中会产生摩擦，所以此处选择的主流道衬套要带有锥度，以便在运动中避免摩擦。主流动参数如图 5-55 所示。

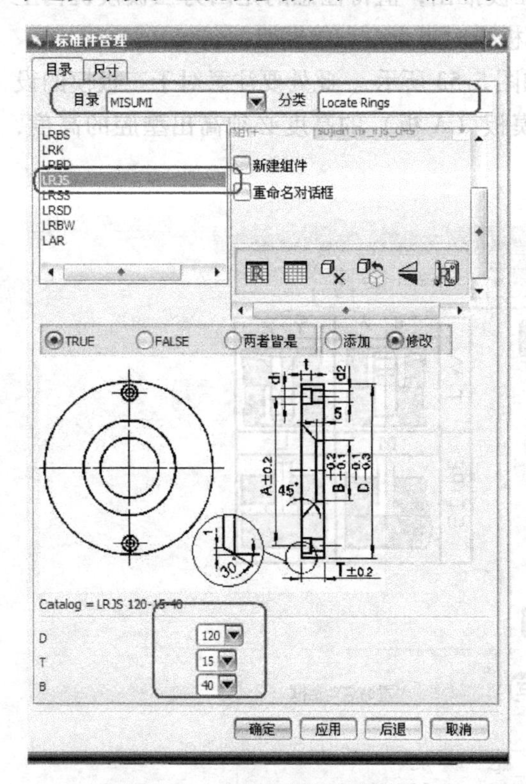

图 5-54 定位环的数值设定

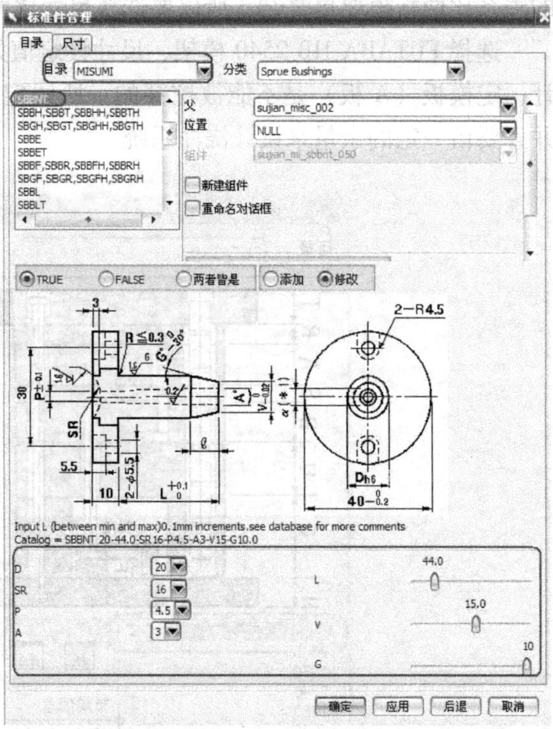

图 5-55 主流动参数

4. 流道设计（图 5-56）

采用点浇口设计，从产品顶部进料，产品最后表面质量好，塑料的流动性也达到最佳。

图 5-56 流道设计

脱模后浇注系统会与产品分离，不用再手动取出浇注系统，一般薄壁壳体零件多采用三板模设计。

将流道设置在推料板（图 5-57）一侧，半圆形流道方便加工，长度要略大于两产品中心距，起到冷料穴的作用。

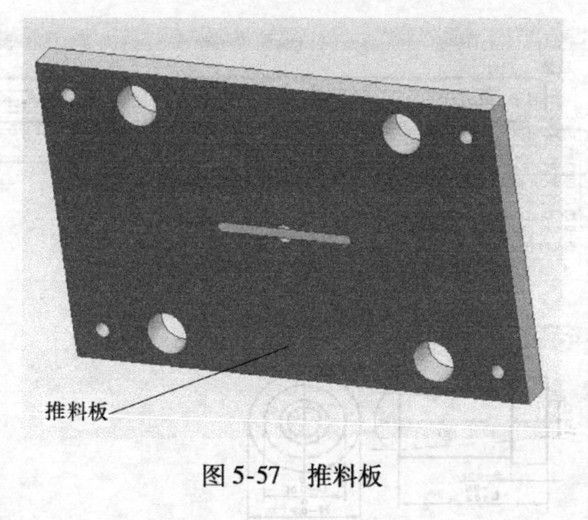

图 5-57　推料板

5. 浇口设计（图 5-58）

单击▣进入后选择 MISUMI 的标准件，其中浇口的参数如图 5-59 所示。

浇口形式如图 5-60 所示，确定后选择型腔底面作为基准面插入，通过坐标点捕捉圆心插入零件的中央，再插入两个点浇口套，完成后插入延伸点浇口套。

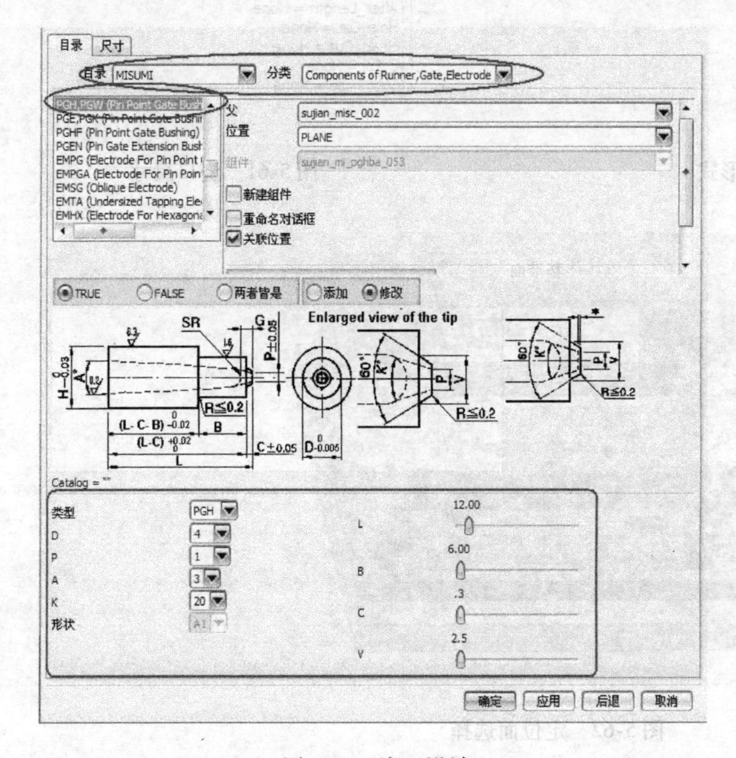

图 5-58　浇口设计

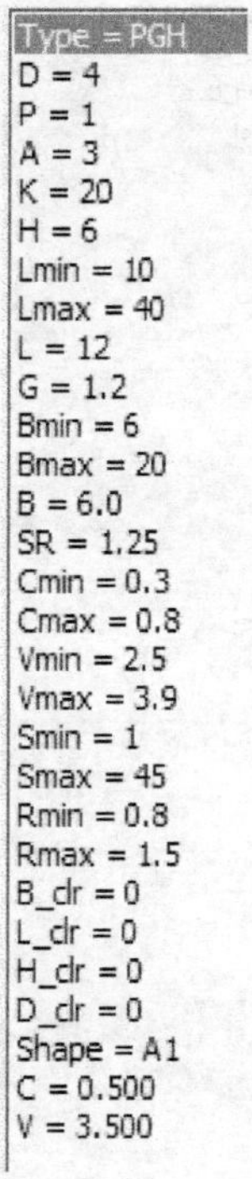

Type = PGH
D = 4
P = 1
A = 3
K = 20
H = 6
Lmin = 10
Lmax = 40
L = 12
G = 1.2
Bmin = 6
Bmax = 20
B = 6.0
SR = 1.25
Cmin = 0.3
Cmax = 0.8
Vmin = 2.5
Vmax = 3.9
Smin = 1
Smax = 45
Rmin = 0.8
Rmax = 1.5
B_clr = 0
L_clr = 0
H_clr = 0
D_clr = 0
Shape = A1
C = 0.500
V = 3.500

图 5-59　参数

形式用 MISUMI 的 PGEN（PIN GATE EXTENSION BUSHING），浇口尺寸如图 5-61。

定位面选择如图 5-62 所示。

添加完成后的效果如图 5-63 所示。

完成后选择拉料杆如图 5-64 所示。

选择定位基准面如图 5-65 所示。

拉料杆一定要被定位环压住固定，完成图如图 5-66 所示。

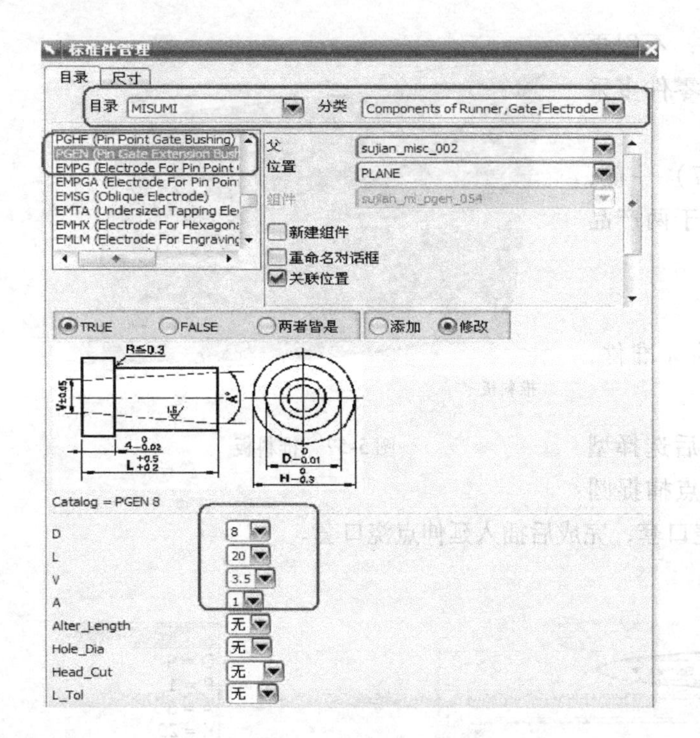

图 5-60　浇口形式

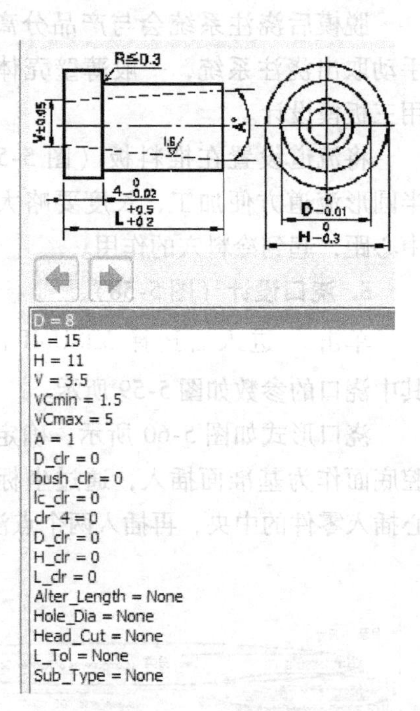

图 5-61　浇口尺寸

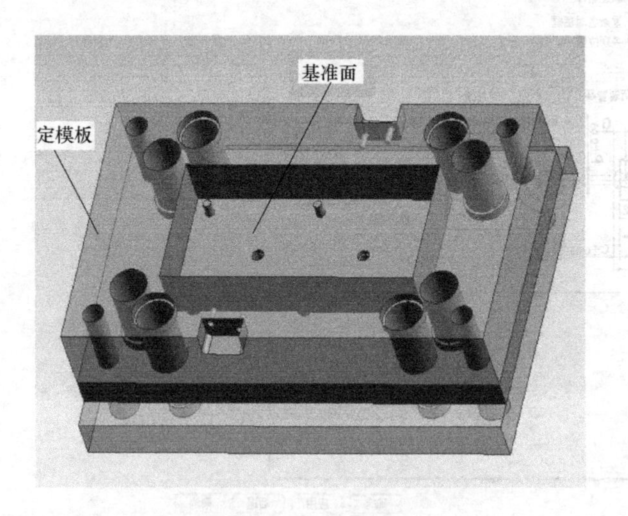

图 5-62　定位面选择

然后就是在主流道衬套底部设计冷料页，三板模不用插入拉料杆，所以只需在 A 板的顶部开一个圆柱槽（图 5-67）即可。

到现在为止，浇注系统就设计完毕了。

6. 添加锁模机构

三板模是需要二次分型的模具，为了保证第一分型面和第二分型面的分型顺序正确，必须添加锁模机构（图 5-68）。

锁模机构在标准件中，这里我们选择结构比较简单的形式，具体参数如图 5-69 所示。

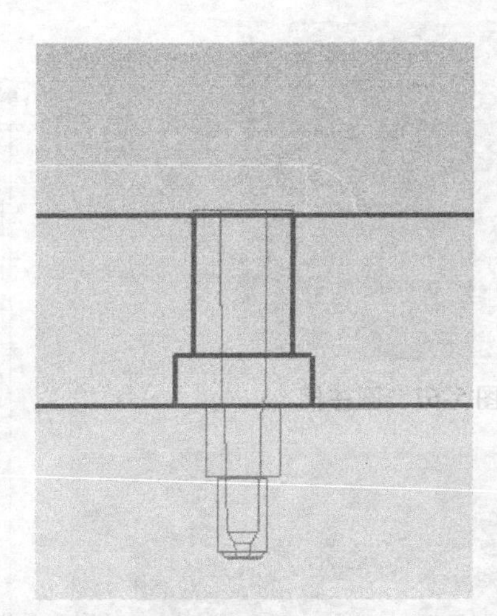

图 5-63 完成后的效果

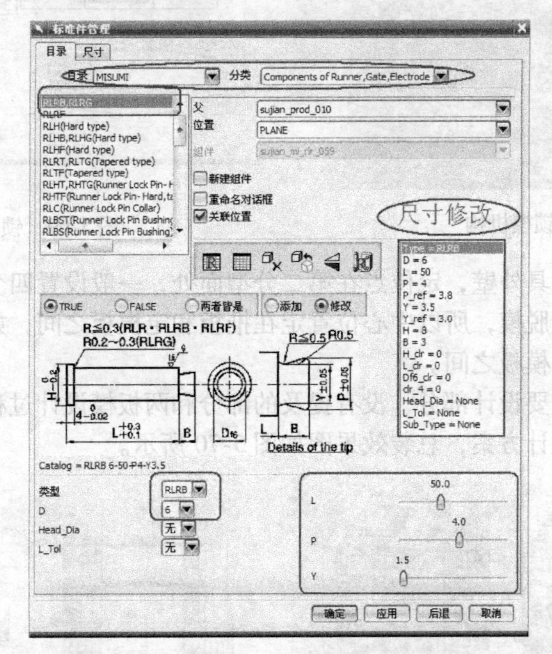

图 5-64 选择拉料杆

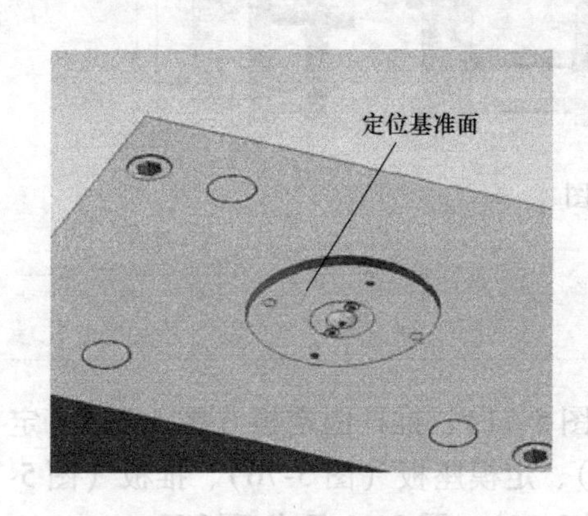

图 5-65 选择定位基准面

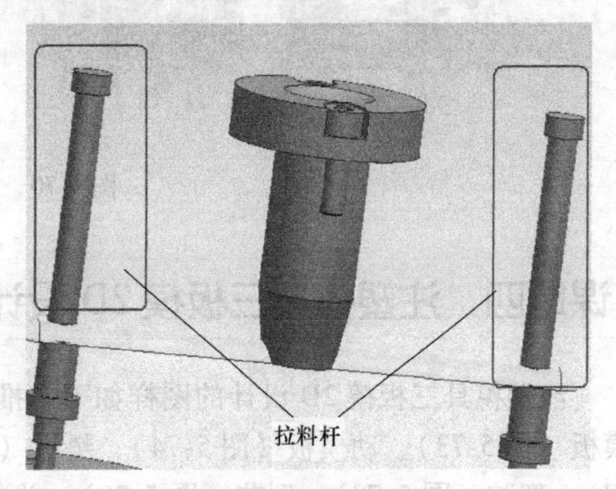

图 5-66 插入拉料杆

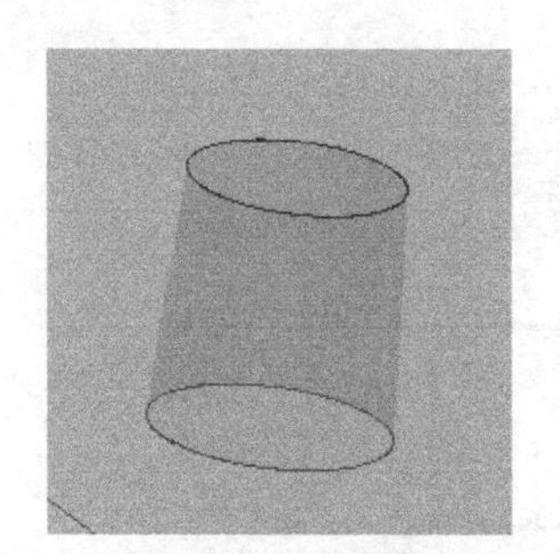

图 5-67　圆柱槽

图 5-68　锁模机构

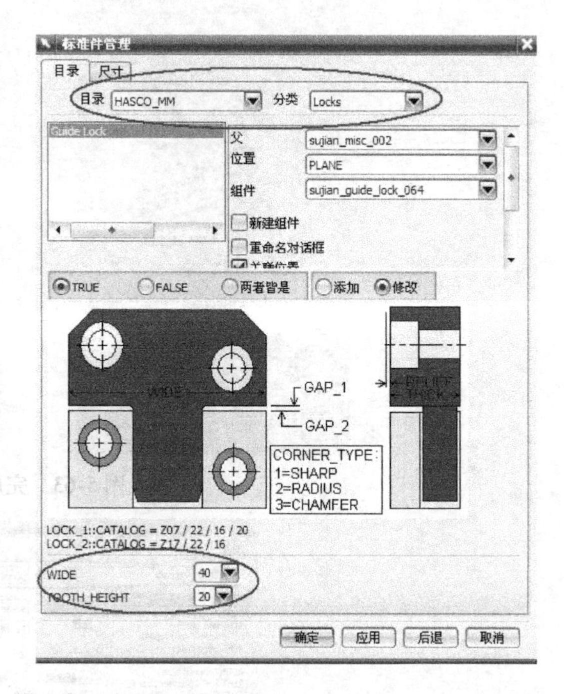

图 5-69　锁模机构参数

定位位置选择在模具外壁，定位点在第二分型面处，一般设置四个或者两个即可。因为这套模架使用的是推板脱模，所以中心位置定在推板和定模板之间，如果采用顶杆推出，中心就设置在定模板和动模板之间。

以上为三板模的主要设计部分，没有提及的部分和两板模设计过程相同，设计者要根据产品特性来灵活变换设计方案，总装效果图如图 5-70 所示。

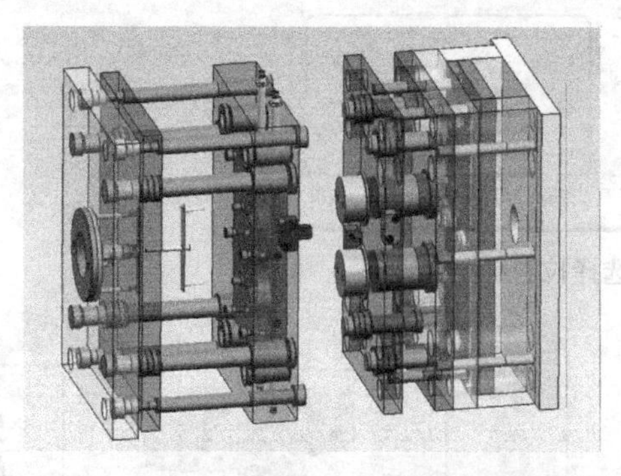

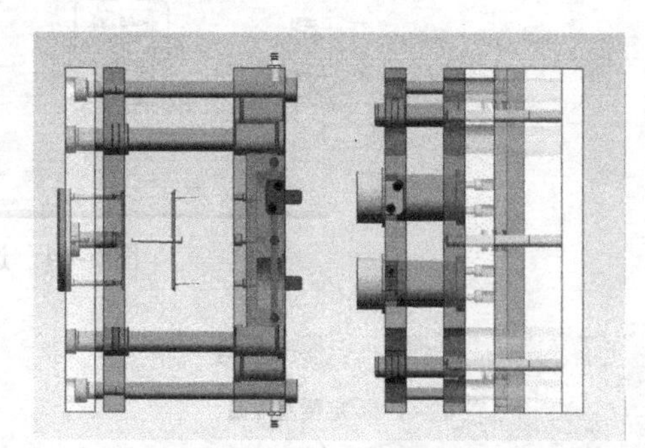

图 5-70　总装效果图

课题四　注塑模具三板模 2D 设计

注塑模具三板模 2D 设计的图样如下，推料板（图 5-71）、推杆固定板（图 5-72）、定模板（图 5-73）、动模板（图 5-74）、垫板（图 5-75）、定模座板（图 5-76）、推板（图 5-77）、型腔（图 5-78）、型芯（图 5-79）、总装图（图 5-80），图 5-80 见书后插页。

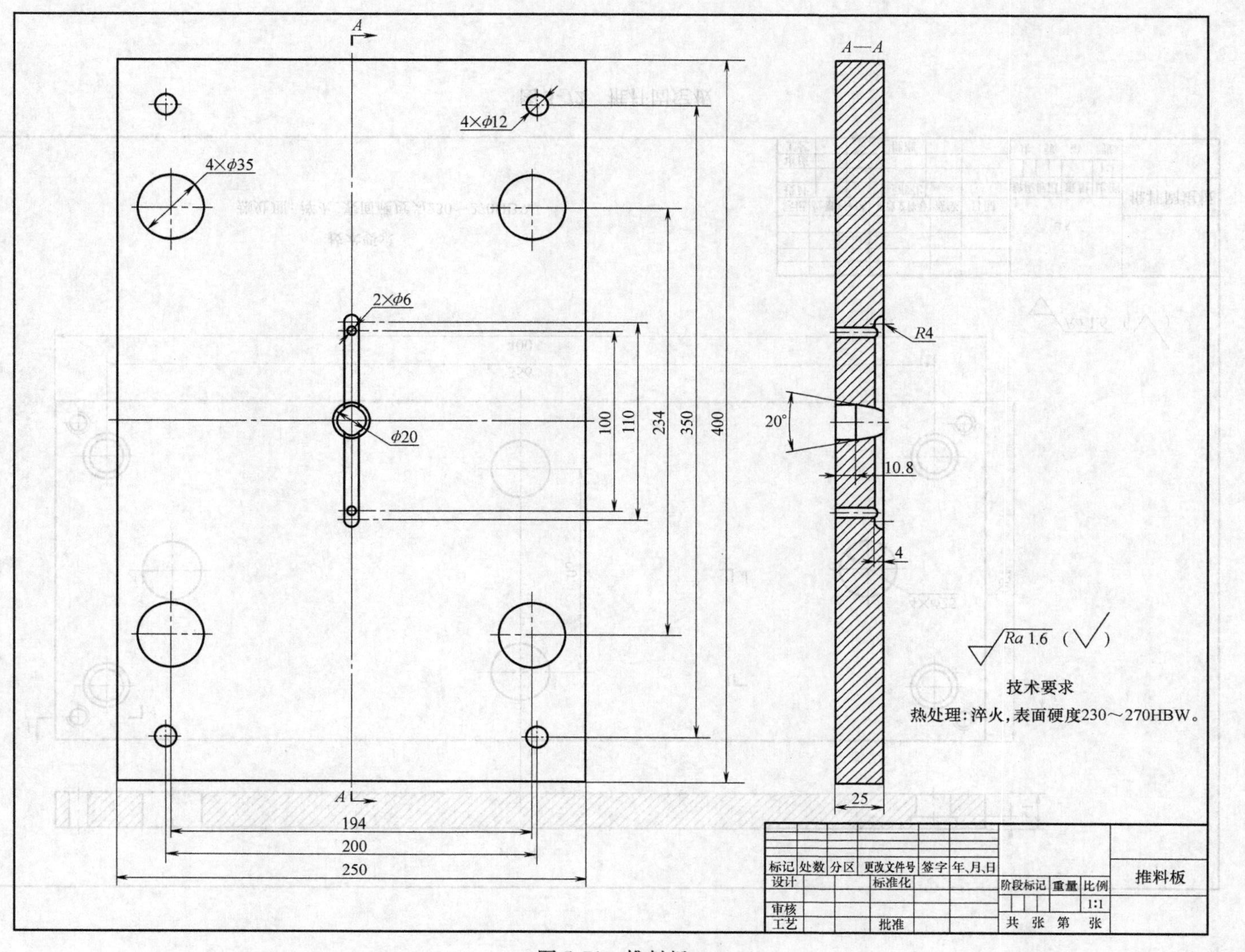

A
4×φ12
4×φ35
2×φ6
φ20
100
110
234
350
400
194
200
250
A—A
R4
20°
10.8
4
25
Ra 1.6 (√)
技术要求
热处理:淬火,表面硬度230~270HBW。
标记 处数 分区 更改文件号 签字 年、月、日
设计 标准化 阶段标记 重量 比例
1:1
审核
工艺 批准 共 张 第 张
推料板

图 5-71 推料板

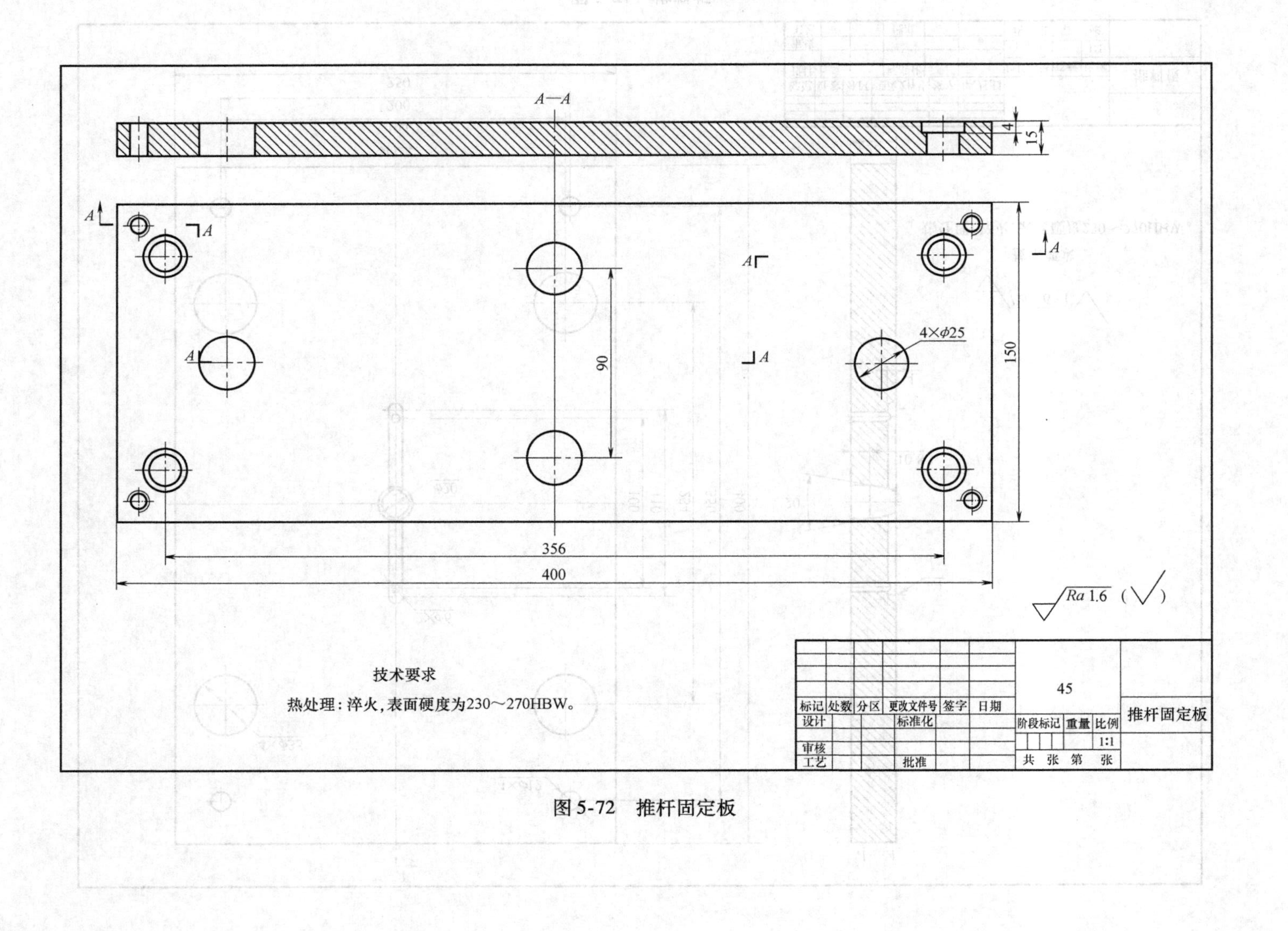
A—A
4
15
4×φ25
90
150
356
400
Ra 1.6
技术要求
热处理：淬火，表面硬度为230～270HBW。
45
推杆固定板
标记 处数 分区 更改文件号 签字 日期
设计 标准化
审核
工艺 批准
阶段标记 重量 比例
1:1
共 张 第 张

图 5-72 推杆固定板

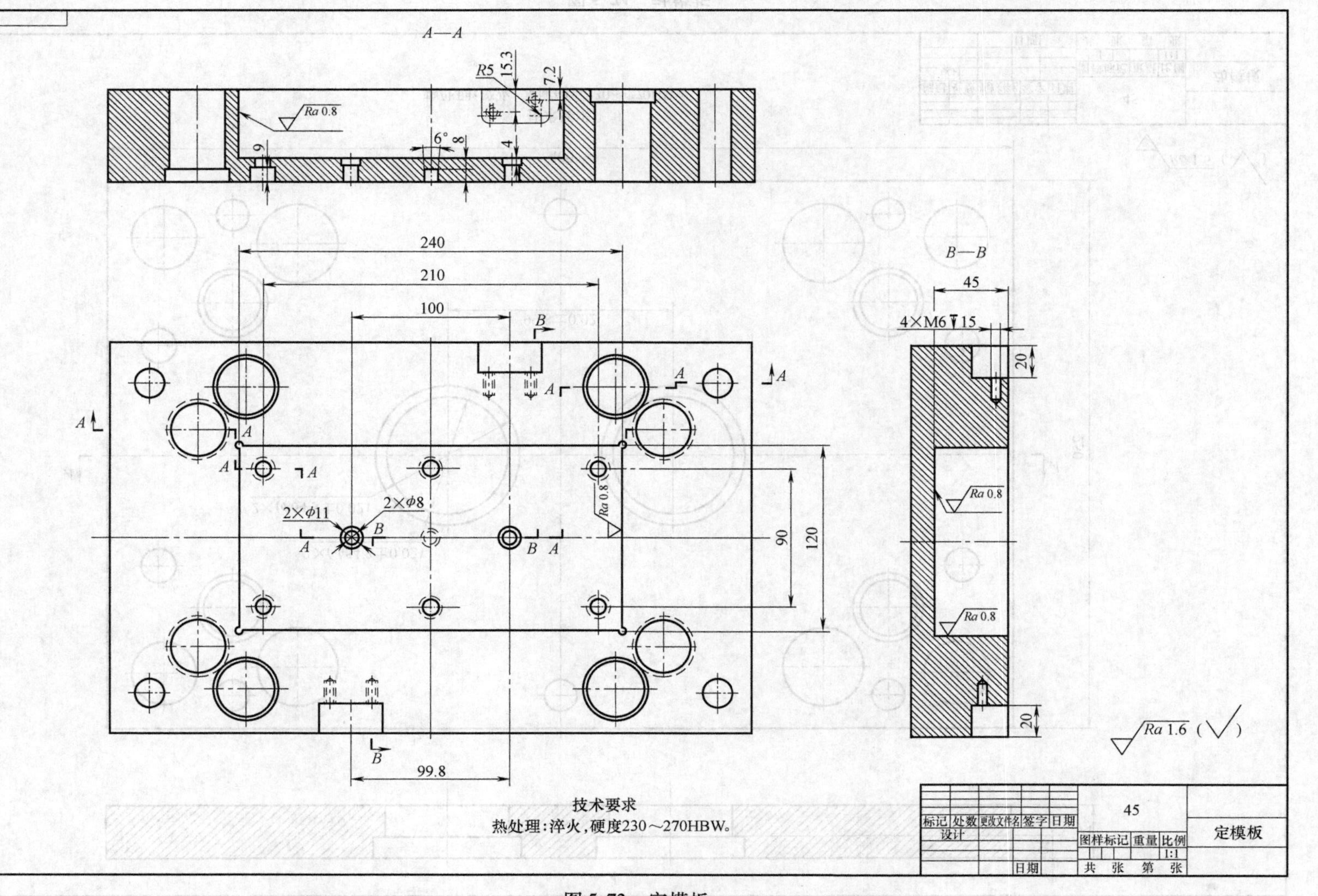
A—A
R5
15.3
7.2
Ra 0.8
6°
8
4
6
240
210
100
99.8
90
120
2×ϕ8
2×ϕ11
Ra 0.8
B—B
45
4×M6▼15
20
20
Ra 0.8
Ra 0.8
Ra 1.6 (√)
技术要求
热处理：淬火，硬度230～270HBW。
标记 处数 更改文件名 签字 日期
设计
日期
45
图样标记 重量 比例
1:1
共 张 第 张
定模板

图 5-73 定模板

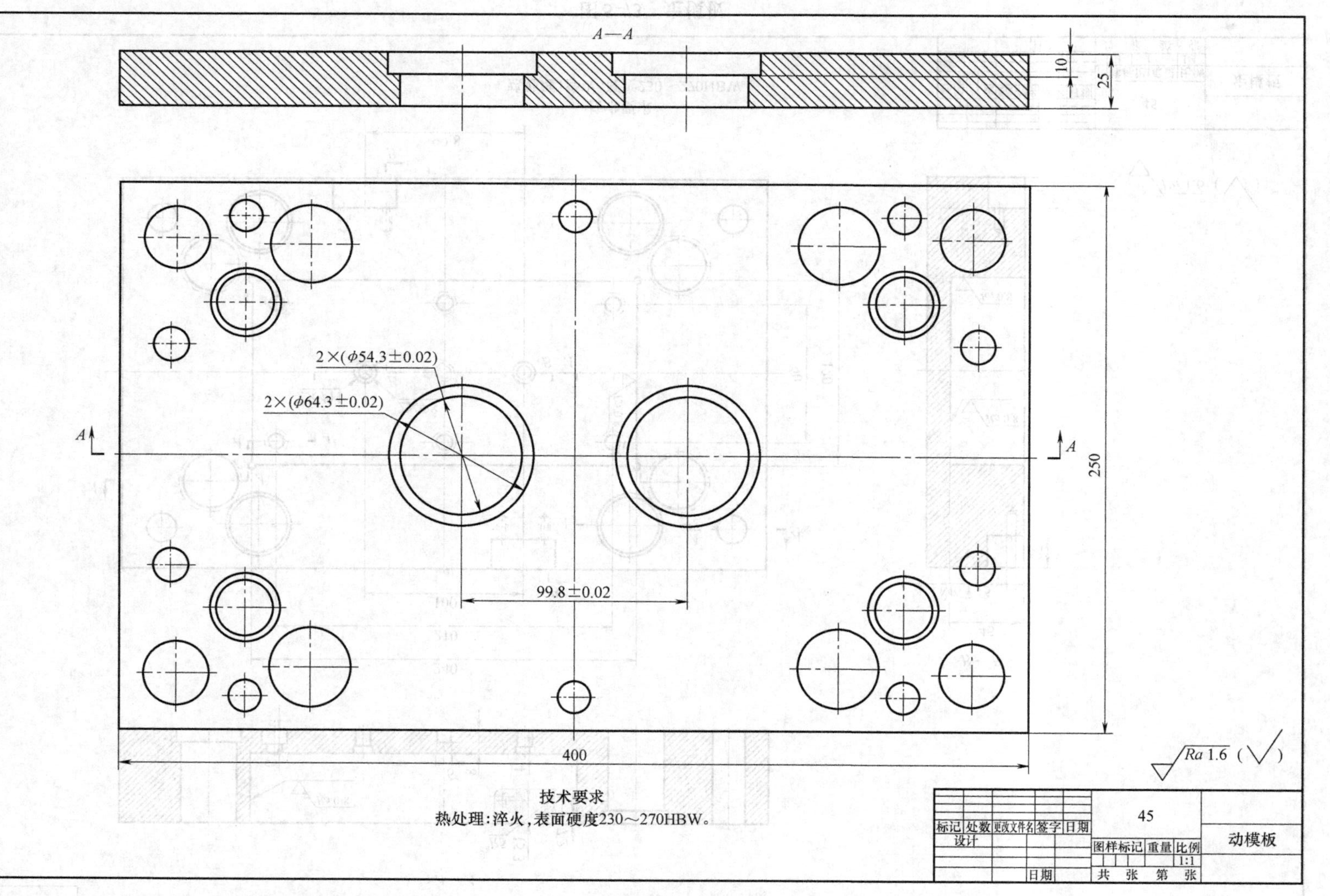

A—A
10
25
2×(φ54.3±0.02)
2×(φ64.3±0.02)
A
A
250
99.8±0.02
400
Ra 1.6
技术要求
热处理:淬火,表面硬度230~270HBW。
45
标记 处数 更改文件名 签字 日期
设计
动模板
图样标记 重量 比例
1:1
日期
共 张 第 张

图 5-74 动模板

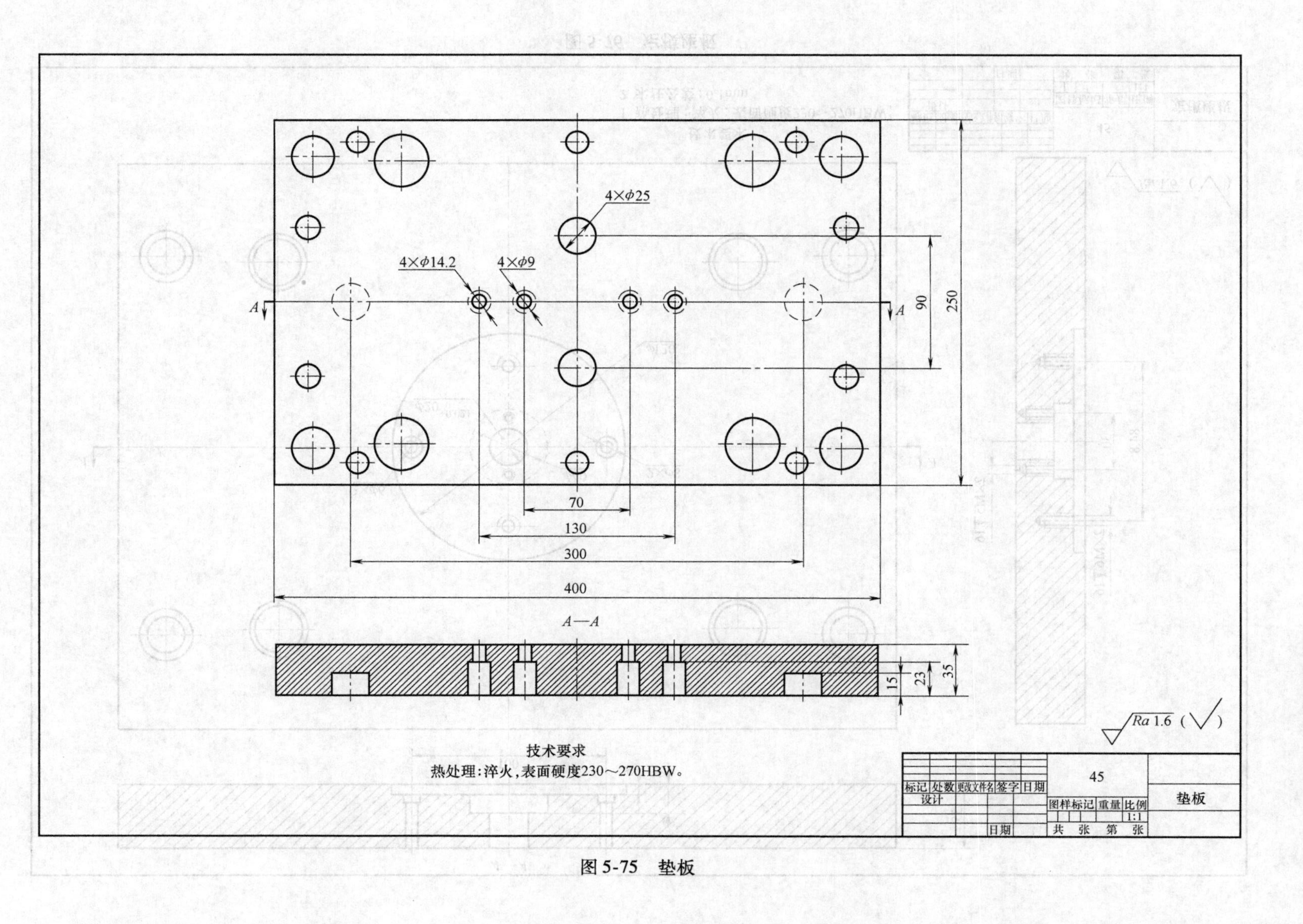
4×φ25
4×φ14.2
4×φ9
A
A
90
250
70
130
300
400
A—A
15
23
35
Ra 1.6 (√)
技术要求
热处理:淬火,表面硬度230~270HBW。
标记 处数 更改文件名 签字 日期
设计
日期
45
图样标记 重量 比例
1:1
共 张 第 张
垫板

图 5-75 垫板

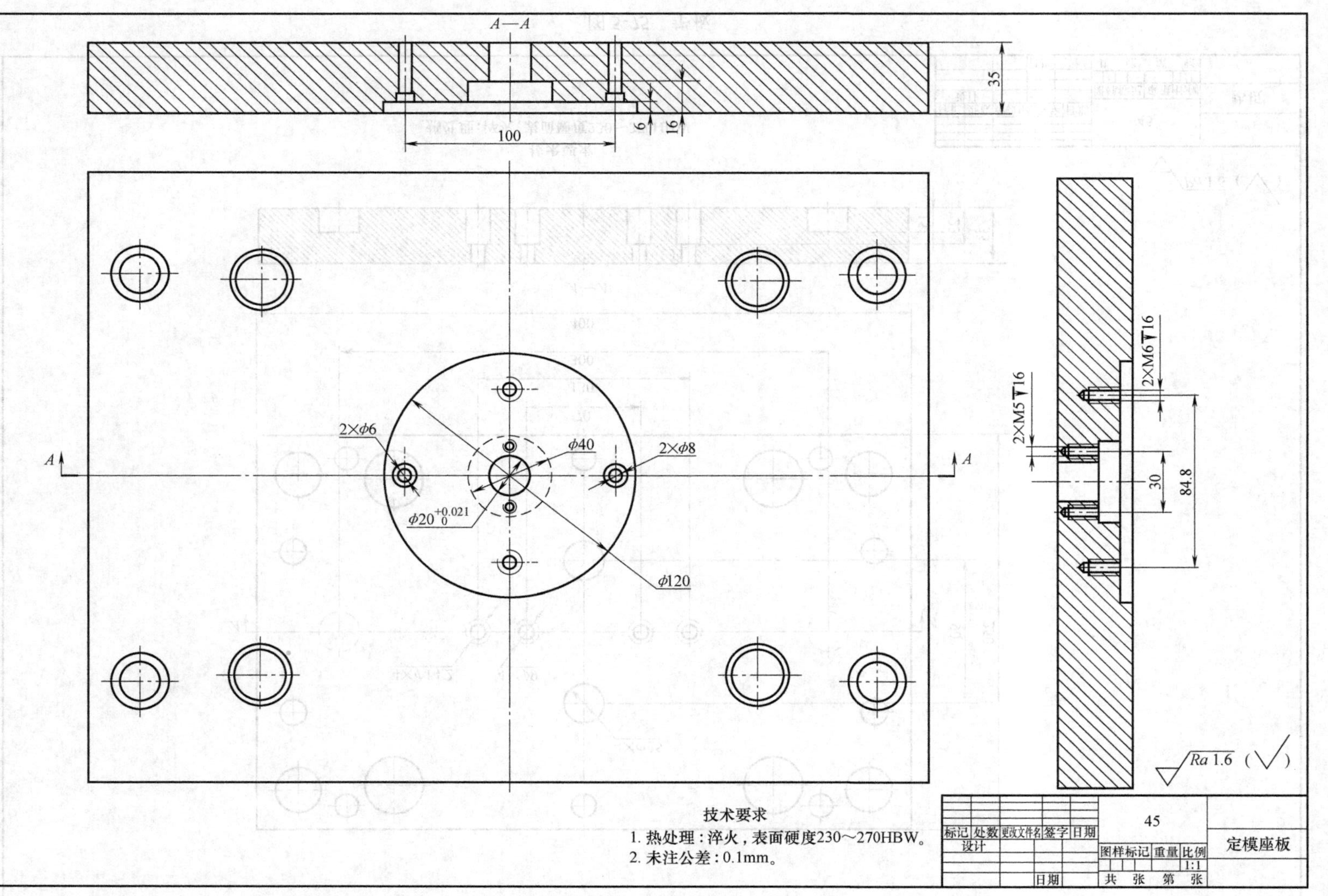

A—A
35
16
6
100
A
A
2×φ6
φ40
2×φ8
$φ20^{+0.021}_{0}$
φ120
2×M6↧16
2×M5↧16
30
84.8
Ra 1.6
技术要求
1. 热处理：淬火，表面硬度230～270HBW。
2. 未注公差：0.1mm。
标记 处数 更改文件名 签字 日期
设计
日期
45
图样标记 重量 比例
1:1
共 张 第 张
定模座板

图 5-76　定模座板

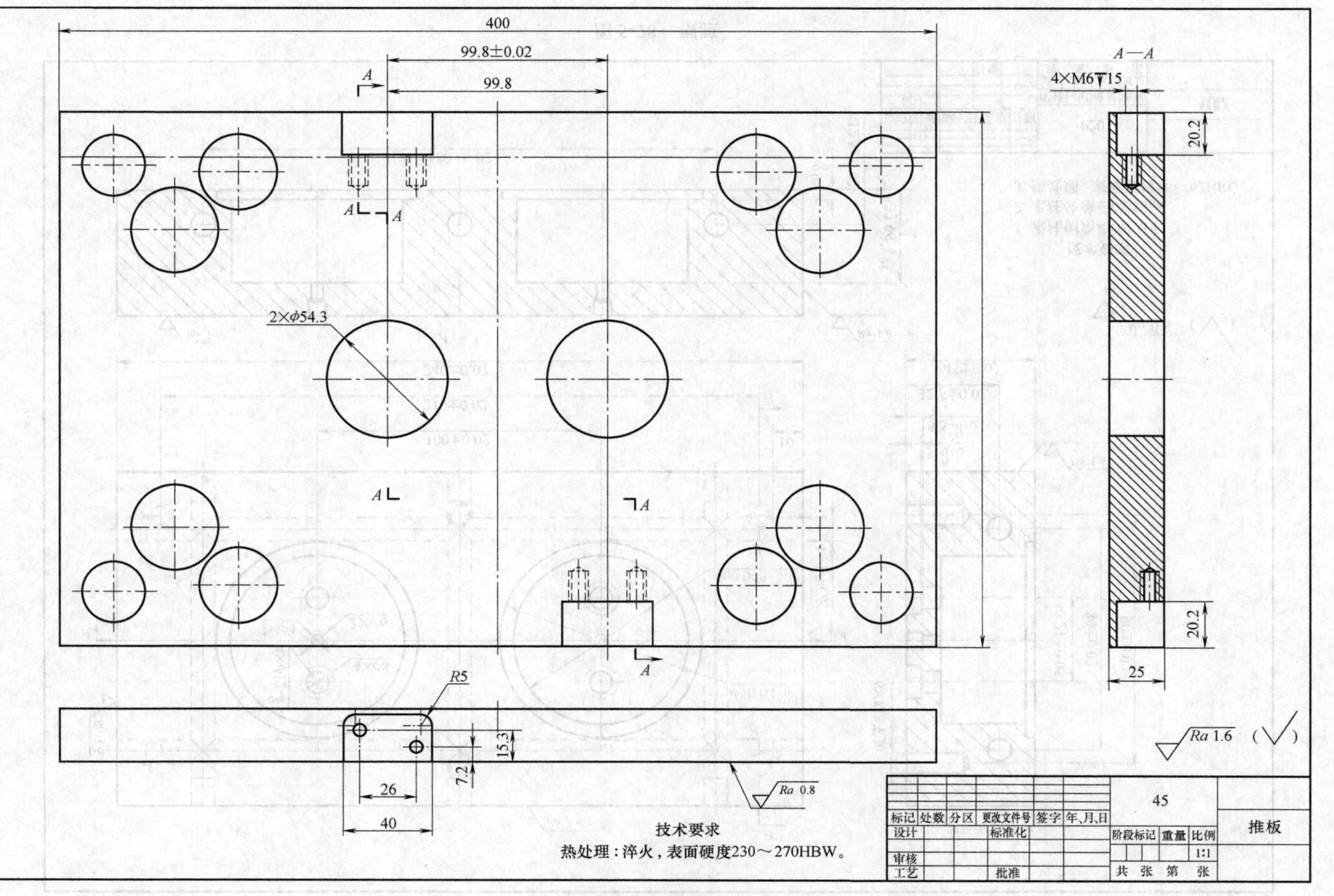

400
99.8±0.02
99.8
A—A
4×M6▼15
20.2
20.2
25
2×φ54.3
R5
15.3
7.2
26
40
Ra 0.8
Ra 1.6
技术要求
热处理：淬火，表面硬度230～270HBW。
45
推板
标记 处数 分区 更改文件号 签字 年、月、日
设计 标准化 阶段标记 重量 比例
1:1
审核
工艺 批准 共 张 第 张

图 5-77 推板

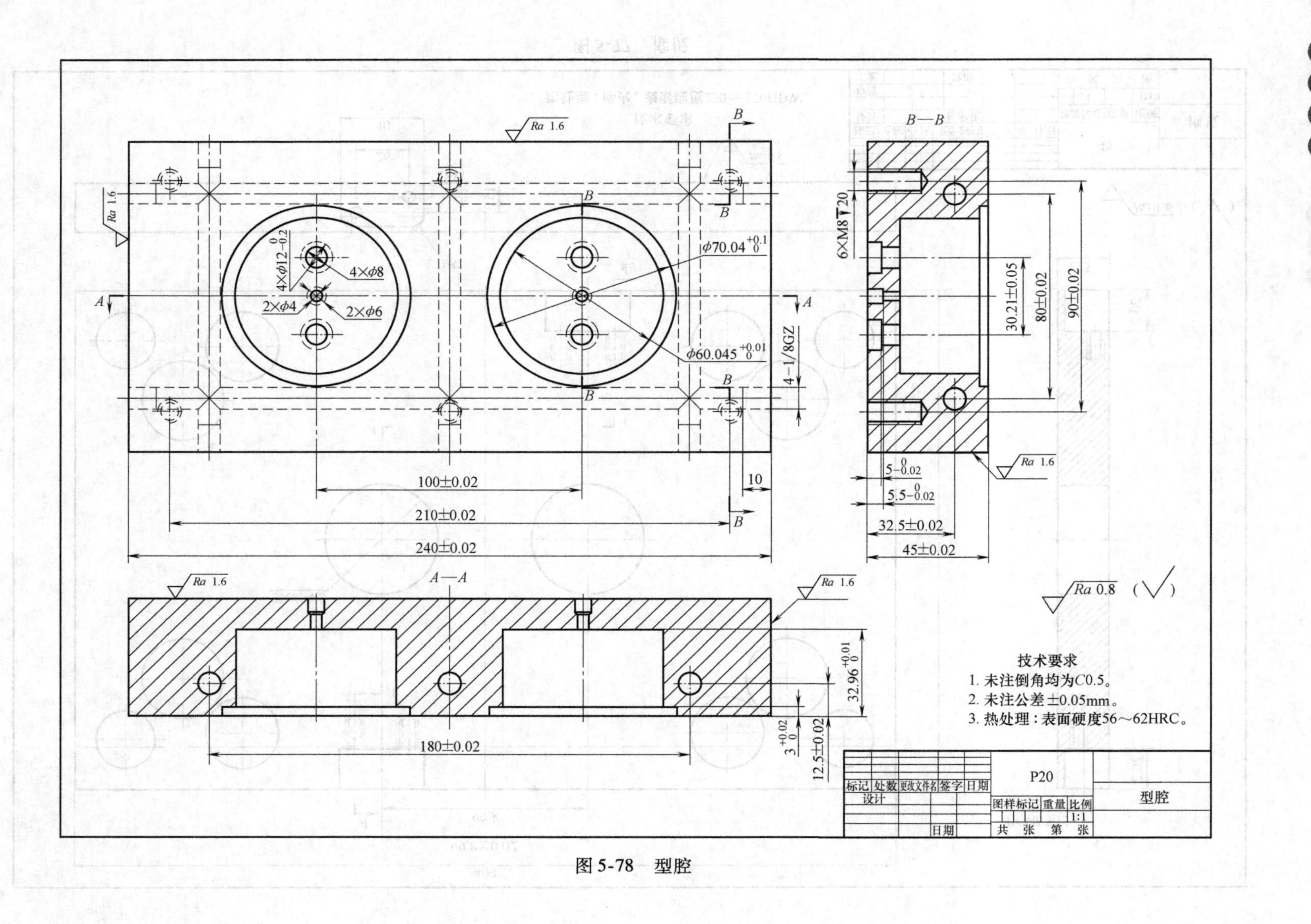
B—B
A—A
φ70.04 +0.1 0
φ60.045 +0.01 0
4×φ12 0 -0.2
4×φ8
2×φ4
2×φ6
4-1/8GZ
6×M8▼20
100±0.02
210±0.02
240±0.02
10
30.21±0.05
80±0.02
90±0.02
5 0 -0.02
5.5 0 -0.02
32.5±0.02
45±0.02
32.96 +0.01 0
3 +0.02 0
12.5±0.02
180±0.02
Ra 1.6
Ra 0.8 (√)
技术要求
1. 未注倒角均为C0.5。
2. 未注公差±0.05mm。
3. 热处理：表面硬度56～62HRC。
标记 处数 更改文件名 签字 日期
设计
日期
P20
图样标记 重量 比例
1:1
共 张 第 张
型腔

图 5-78 型腔

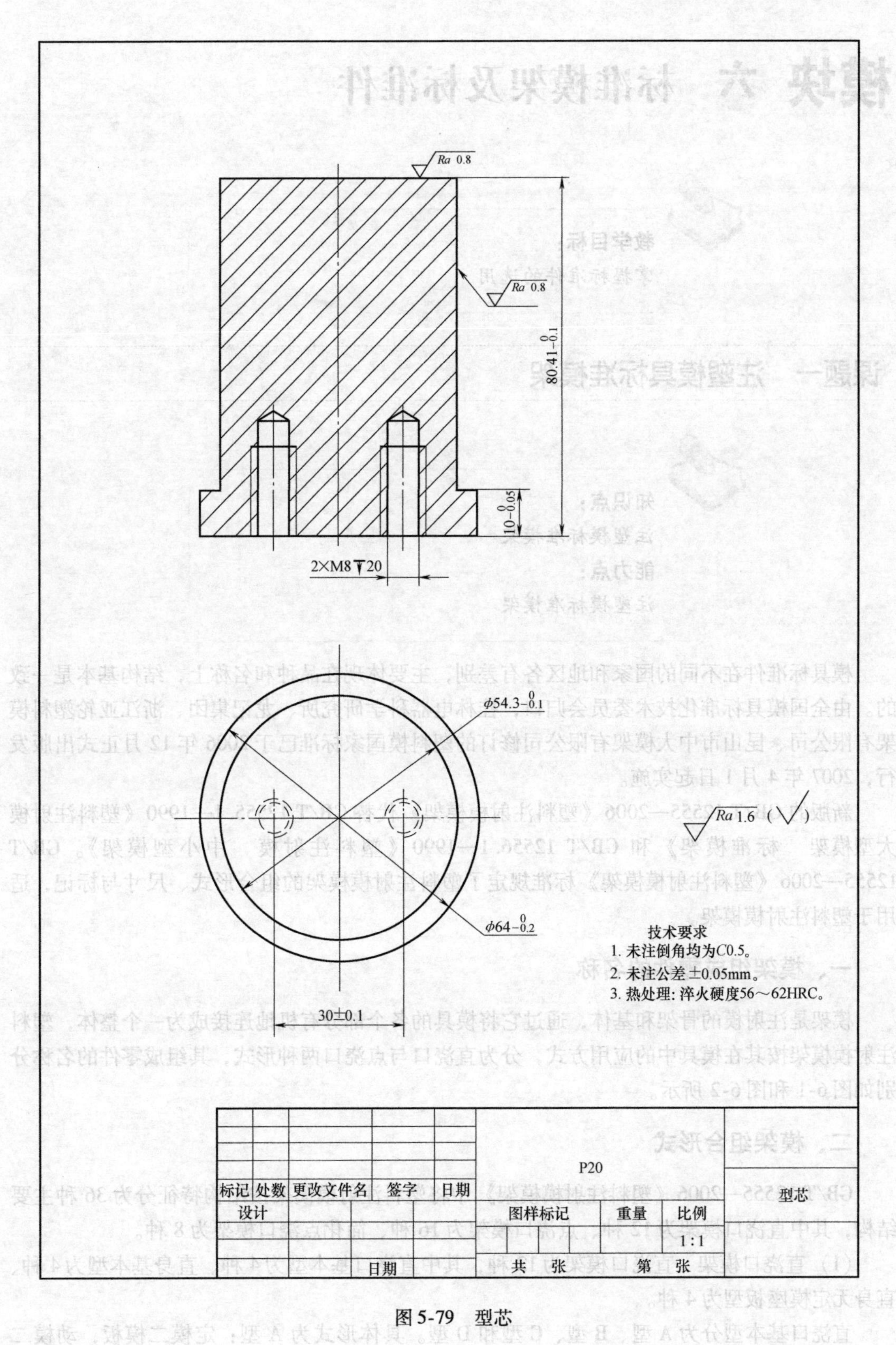

Ra 0.8
Ra 0.8
80.41 0 −0.1
10 0 −0.05
2×M8 ▼20
φ54.3 0 −0.1
Ra 1.6 (√)
φ64 0 −0.2
技术要求
1. 未注倒角均为C0.5。
2. 未注公差±0.05mm。
3. 热处理: 淬火硬度56～62HRC。
30±0.1
P20
标记 处数 更改文件名 签字 日期
设计
日期
型芯
图样标记
重量
比例
1∶1
共 张
第 张

图 5-79 型芯

模块六 标准模架及标准件

教学目标：
掌握标准件的选用

课题一 注塑模具标准模架

知识点：
注塑模标准模架
能力点：
注塑模标准模架

模具标准件在不同的国家和地区各有差别，主要体现在品种和名称上，结构基本是一致的。由全国模具标准化技术委员会归口，桂林电器科学研究所、龙记集团、浙江亚轮塑料模架有限公司、昆山市中大模架有限公司修订的塑料模国家标准已于2006年12月正式出版发行，2007年4月1日起实施。

新版的GB/T 12555—2006《塑料注射模模架》代替GB/T 12555.1—1990《塑料注射模大型模架　标准模架》和GB/T 12556.1—1990《塑料注射模　中小型模架》。GB/T 12555—2006《塑料注射模模架》标准规定了塑料注射模模架的组合形式、尺寸与标记，适用于塑料注射模模架。

一、模架组成零件的名称

模架是注射模的骨架和基体，通过它将模具的各个部分有机地连接成为一个整体，塑料注射模模架按其在模具中的应用方式，分为直浇口与点浇口两种形式，其组成零件的名称分别如图6-1和图6-2所示。

二、模架组合形式

GB/T 12555—2006《塑料注射模模架》中将塑料注射模模架按结构特征分为36种主要结构，其中直浇口模架为12种、点浇口模架为16种、简化点浇口模架为8种。

(1) 直浇口模架　直浇口模架为12种，其中直浇口基本型为4种、直身基本型为4种、直身无定模座板型为4种。

直浇口基本型分为A型、B型、C型和D型。具体形式为A型：定模二模板，动模二

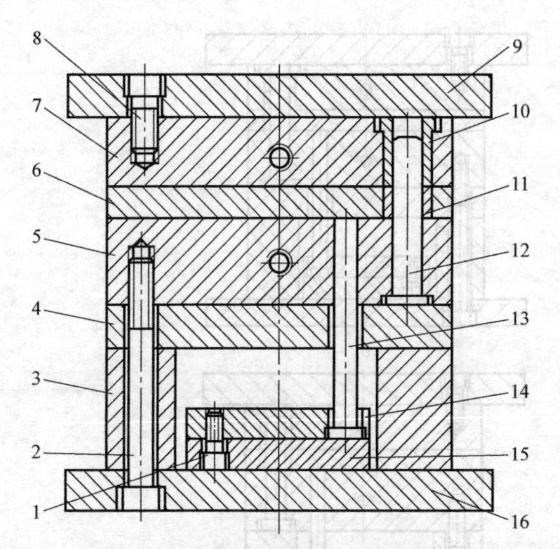

图 6-1 直浇口模架组成零件的名称

1、2、8—内六角螺钉 3—垫块 4—支承板 5—动模板 6—推件板 7—定模板 9—定模座板 10—带头导套 11—直导套 12—带头导柱 13—复位杆 14—推杆固定板 15—推板 16—动模座板

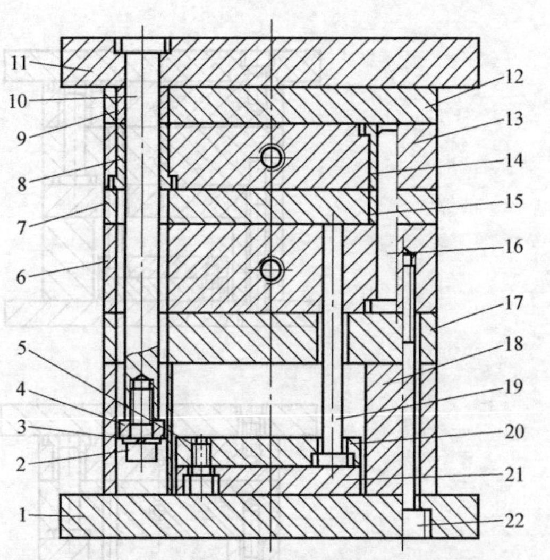

图 6-2 点浇口模架组成零件的名称

1—动模座板 2、5、22—内六角螺钉 3—弹簧垫圈 4—挡环 6—动模板 7—推件板 8—带头导套 9—直导套 10—拉杆导柱 11—定模座板 12—推料板 13—定模板 14—带头导套 15—直导套 16—带头导柱 17—支承板 18—垫块 19—复位杆 20—推杆固定板 21—推板

模板；B 型：定模二模板，动模二模板，加装推件板；C 型：定模二模板，动模一模板；D 型：定模二模板，动模一模板，加装推件板，如图 6-3 所示。直身基本型分为 ZA 型、ZB 型、ZC 型、ZD 型，如图 6-4 所示。直身无定模座板型分为 ZAZ 型、ZBZ 型、ZCZ 型和 ZDZ 型，如图 6-5 所示。

（2）点浇口模架 点浇口模架为 16 种，其中点浇口基本型为 4 种、直身点浇口基本型为 4 种、点浇口无推料板型为 4 种、直身点浇口无推料板型为 4 种。

点浇口基本型分为 DA 型、DB 型、DC 型和 DD 型，如图 6-6 所示；直身点浇口基本型分为 ZDA 型、ZDB 型、ZDC 型和 ZDD 型，如图 6-7 所示；点浇口无推料板型分为 DAT 型、DBT 型、DCT 型和 DDT 型，如图 6-8 所示；直身点浇口无推料板型分为 ZDAT 型、ZDBT 型、ZDCT 型和 ZDDT 型，如图 6-9 所示。

（3）简化点浇口模架 简化点浇口模架为 8 种，其中简化点浇口基本型为 2 种、直身简化点浇口型为两种、简化点浇口无推料板型为 2 种、直身简化点浇口无推料板型为 2 种。

简化点浇口基本型分为 JA 型和 JC 型，如图 6-10 所示；直身简化点浇口型分为 ZJA 型和 ZJC 型，如图 6-11 所示；简化点浇口无推料板型分为 JAT 型和 JCT 型，如图 6-12 所示；直身简化点浇口无推料板型分为 ZJAT 型和 ZJCT 型，如图 6-13 所示。

三、基本型模架组合尺寸

GB/T 12555—2006《塑料注射模模架》标准规定组成模架的零件应符合 GB/T 4169.1～4169.23—2006《塑料注射模零件》标准的规定。标准中所称的组合尺寸为零件的外形、孔径与空位尺寸。

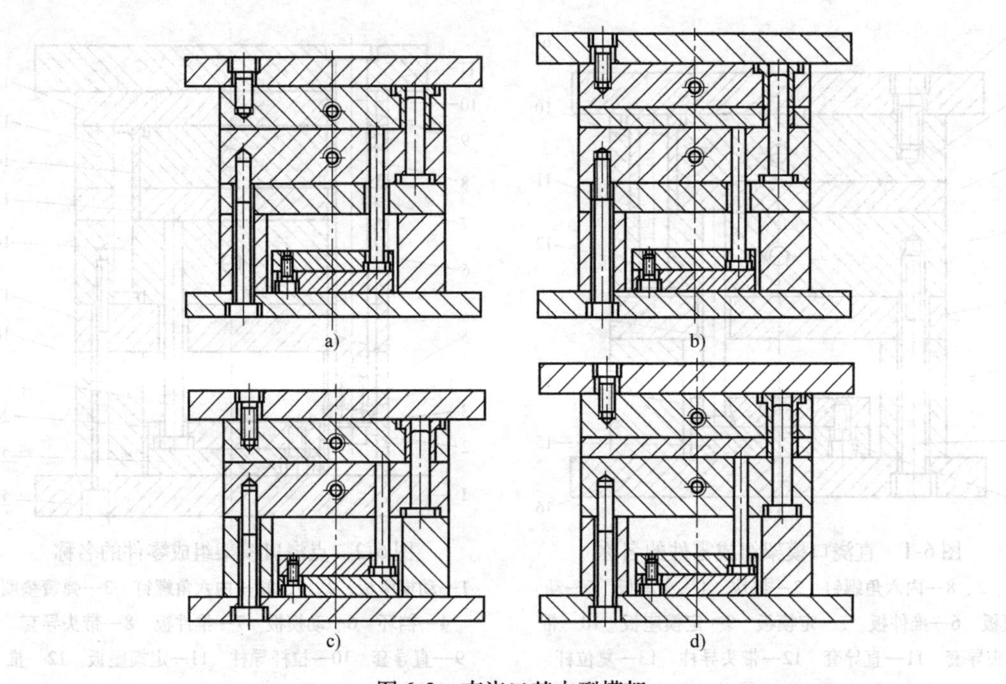

图 6-3 直浇口基本型模架

a) A 型 b) B 型 c) C 型 d) D 型

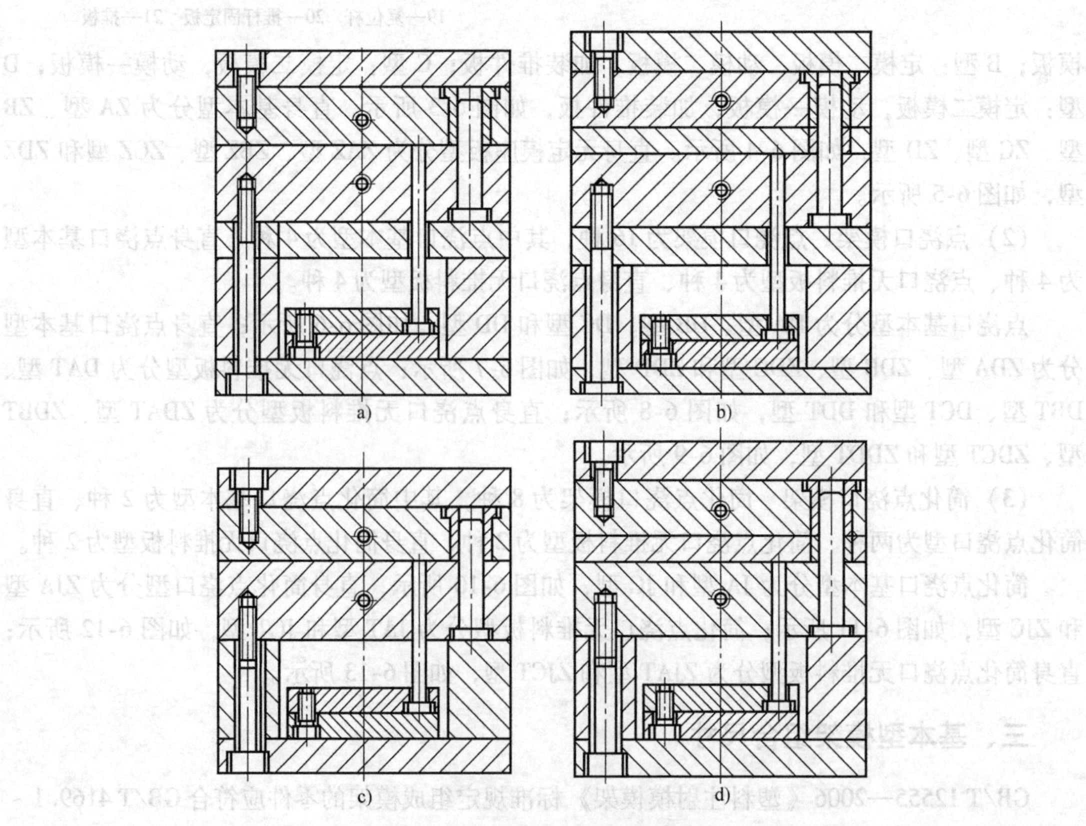

图 6-4 直浇口直身基本型模架

a) ZA 型 b) ZC 型 c) ZB 型 d) ZD 型

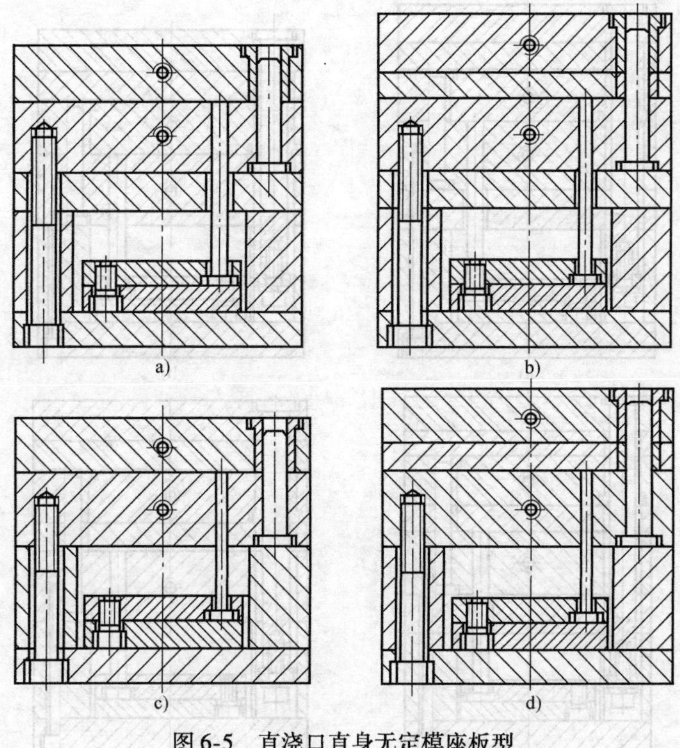

图 6-5 直浇口直身无定模座板型

a）ZAZ 型 b）ZBZ 型 c）ZCZ 型 d）ZDZ 型

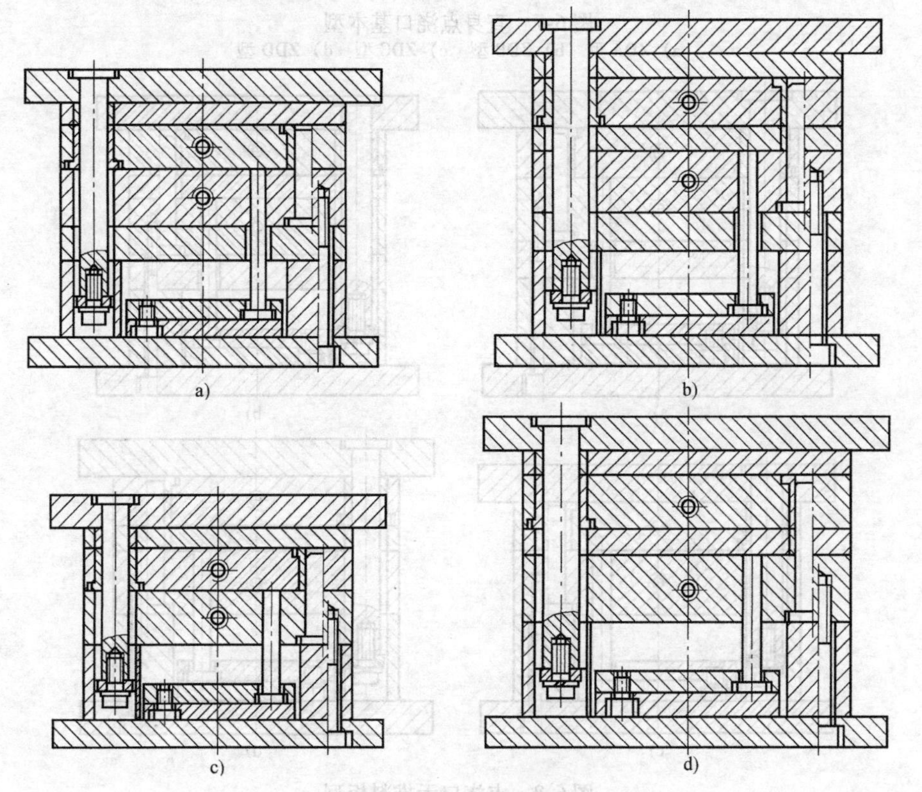

图 6-6 点浇口基本型

a）DA 型 b）DB 型 c）DC 型 d）DD 型

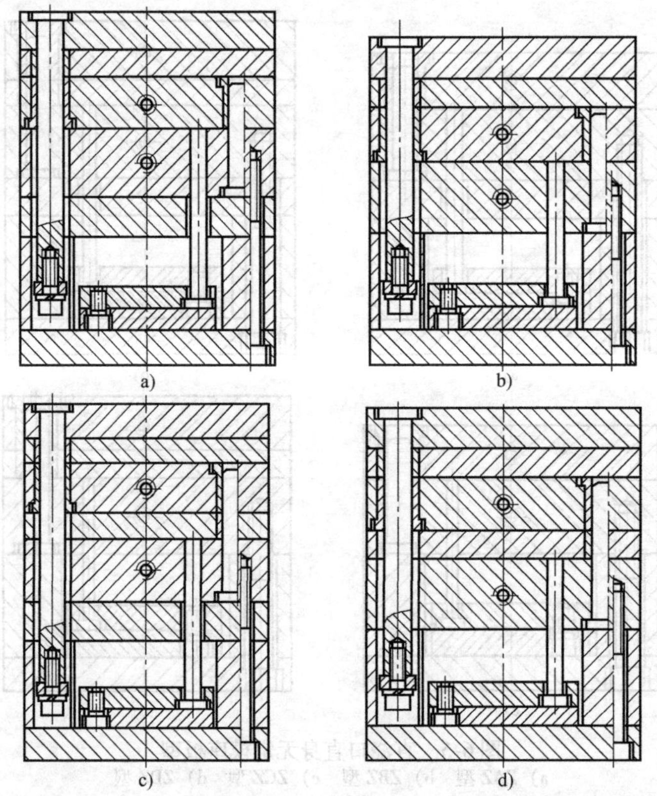

图 6-7 直身点浇口基本型
a）ZDA 型 b）ZDB 型 c）ZDC 型 d）ZDD 型

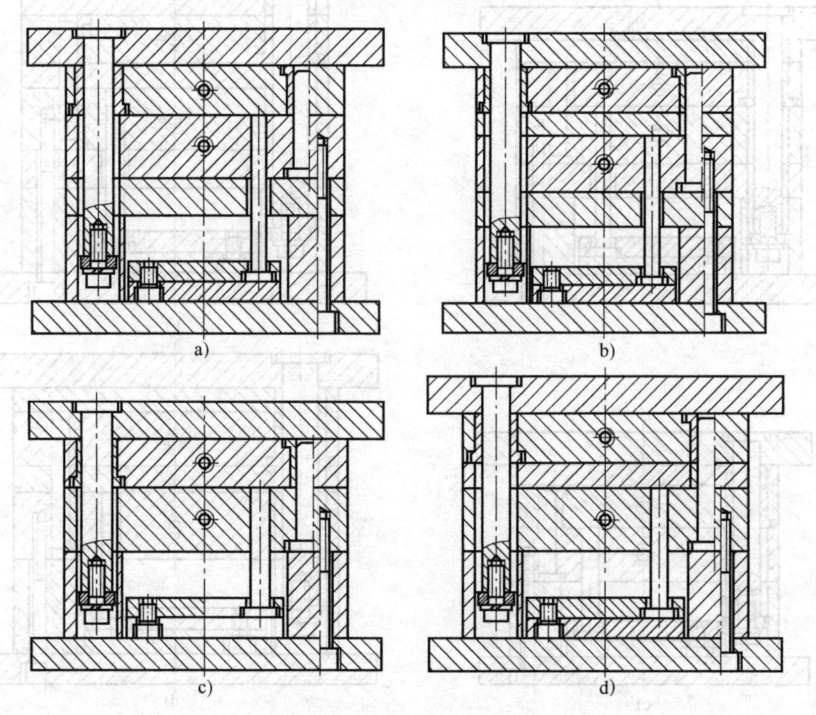

图 6-8 点浇口无推料板型
a）DAT 型 b）DBT 型 c）DCT 型 d）DDT 型

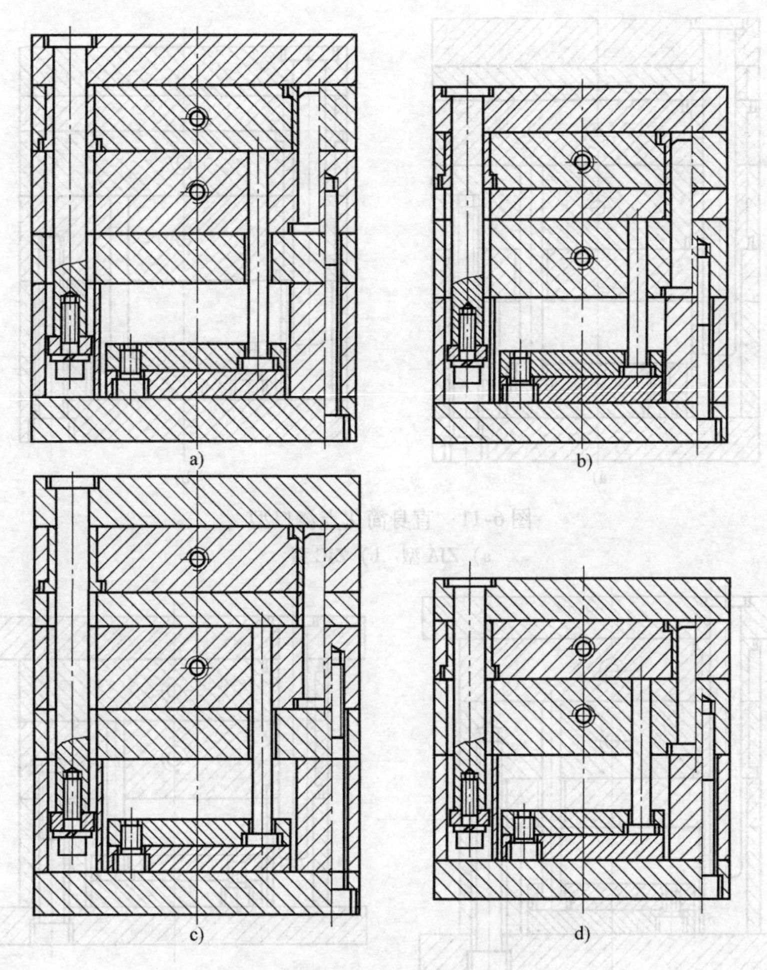

图 6-9 直身点浇口无推料板型

a) ZDAT 型 b) ZDBT 型 c) ZDCT 型 d) ZDDT 型

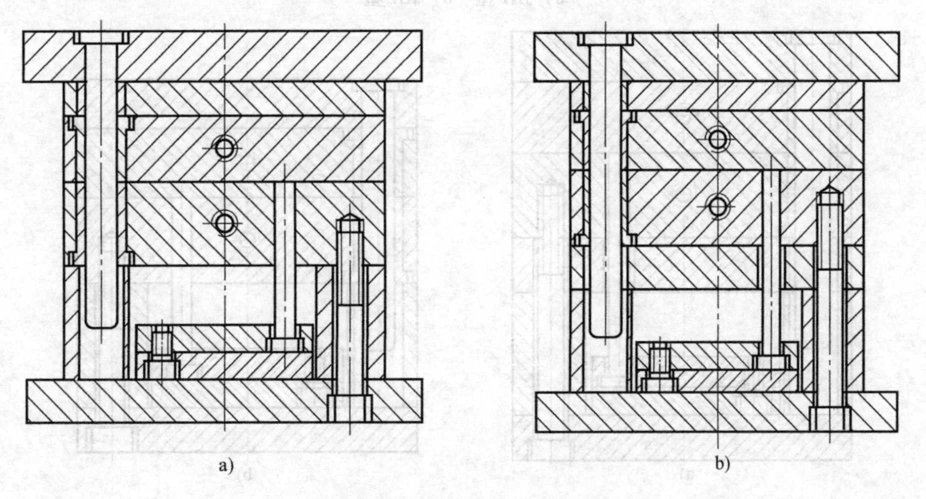

图 6-10 简化点浇口基本型

a) JA 型 b) JC 型

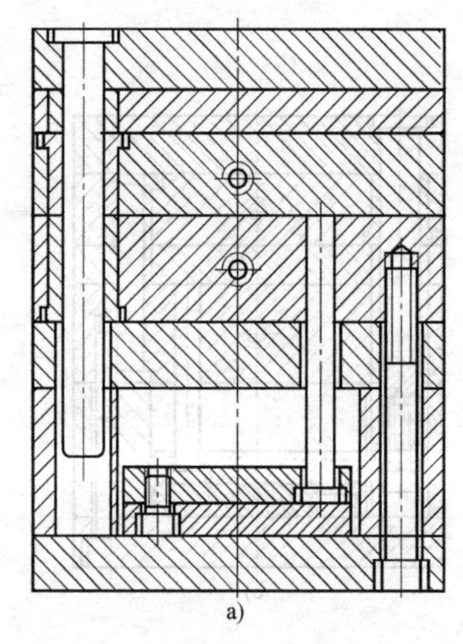
a)

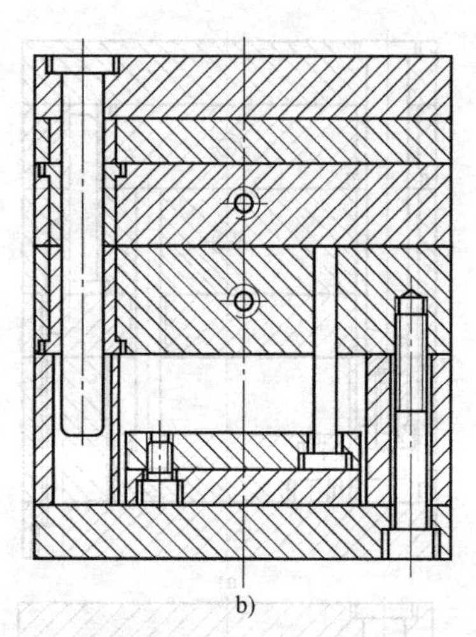
b)

图 6-11　直身简化点浇口型

a）ZJA 型　b）ZJC 型

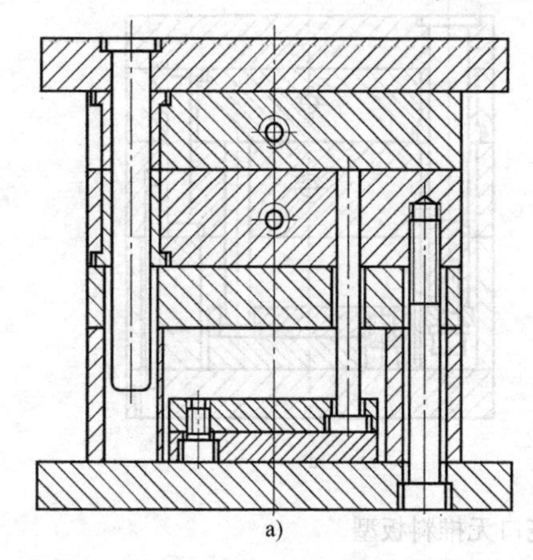
a)

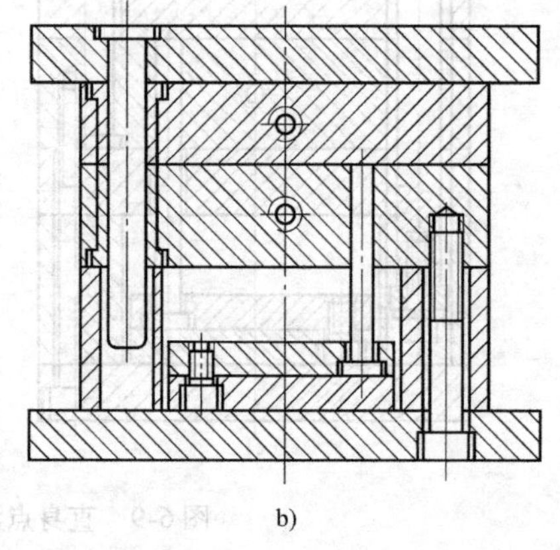
b)

图 6-12　简化点浇口无推料板型

a）JAT 型　b）JCT 型

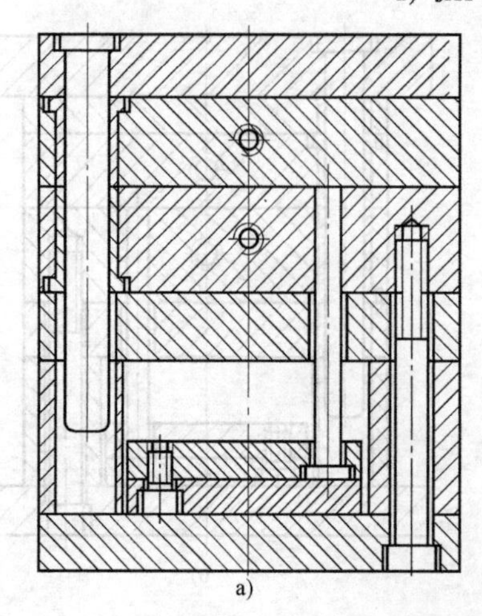
a)

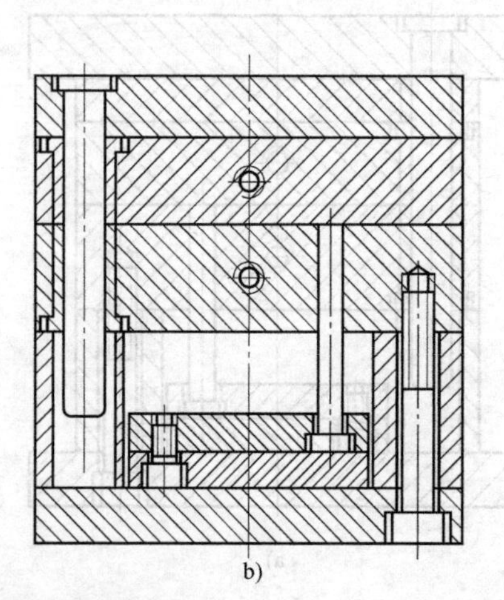
b)

图 6-13　直身简化点浇口无推料板型

a）ZJAT 型　b）ZJCT 型

基本型模架组合尺寸分别如图 6-14、图 6-15 所示。基本型模架组合尺寸见表 6-1。

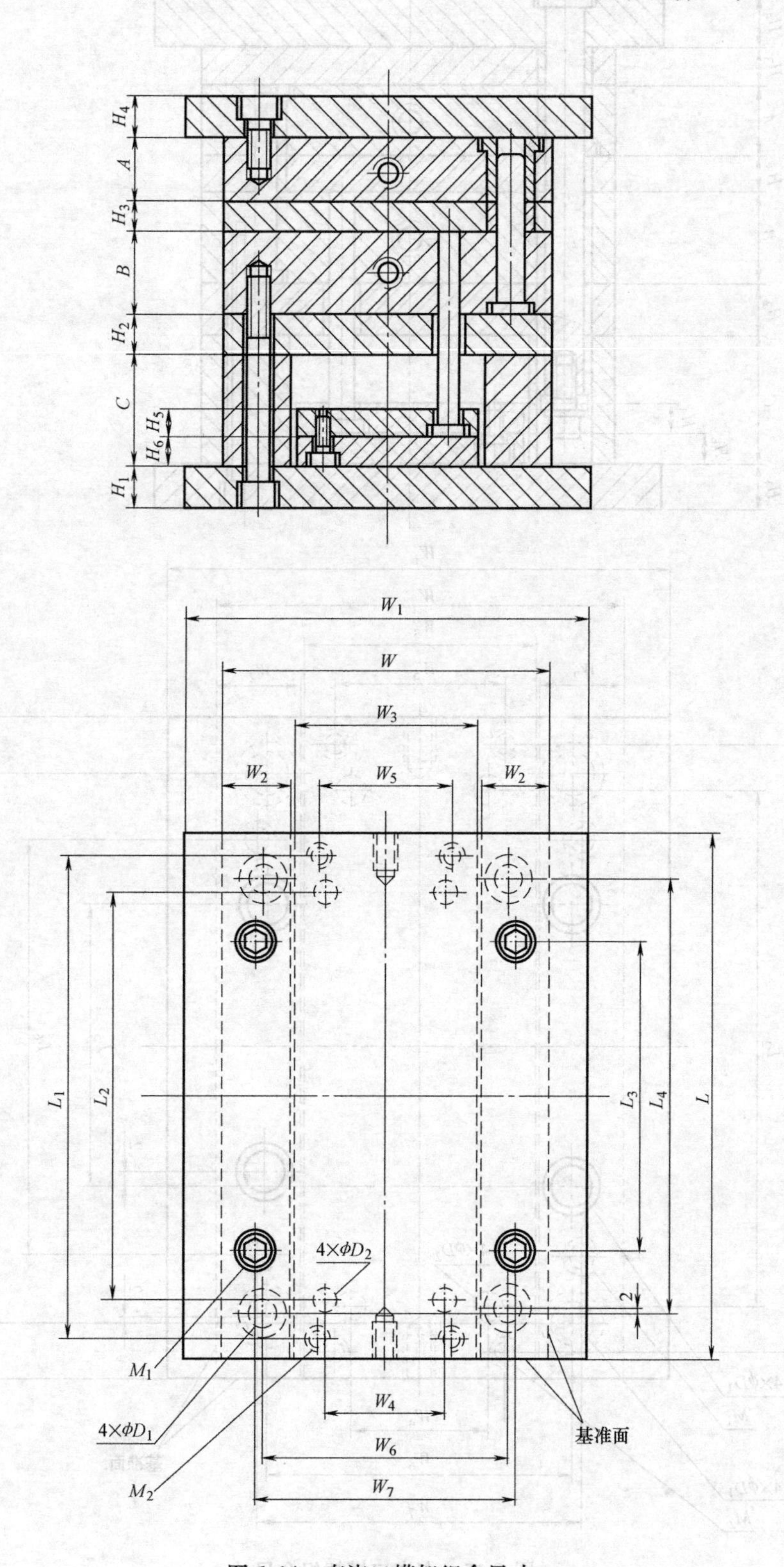

图 6-14 直浇口模架组合尺寸

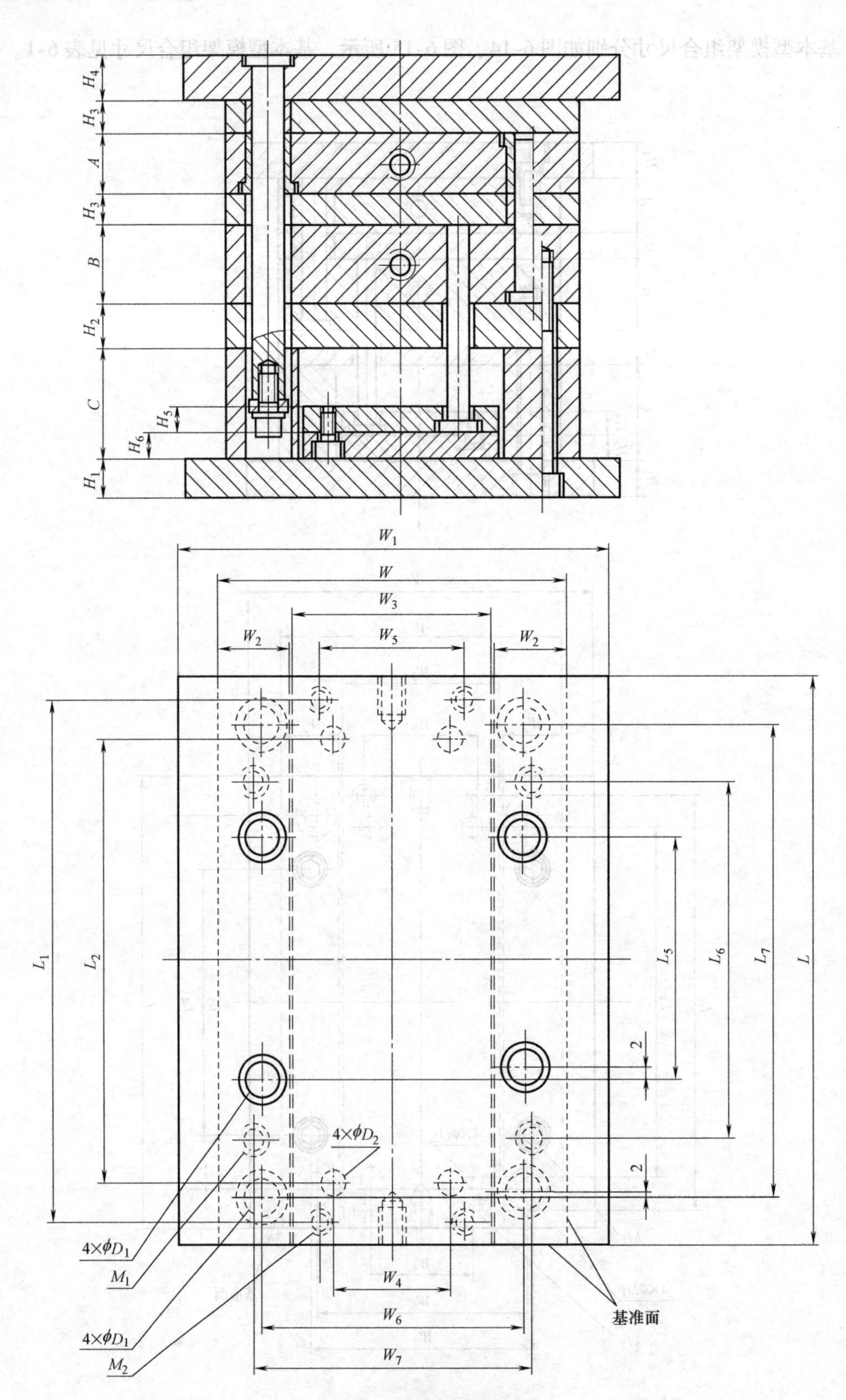

图 6-15　点浇口模架组合尺寸

表 6-1 基本型模架组合尺寸（摘自 GB/T 12555—2006） （单位：mm）

代号	系列										
	1515	1518	1520	1523	1525	1818	1820	1823	1825	1830	1835
W	150					180					
L	150	180	200	230	250	180	200	230	250	300	350
W_1	200					230					
W_2	28					33					
W_3	90					110					
A、B	20、25、30、35、40、45、50、55、60、70、80					20、25、30、35、40、45、50、55、60、70、80					
C	50、60、70					60、70、80					
H_1	20					20					
H_2	30					30					
H_3	20					20					
H_4	25					30					
H_5	13					15					
H_6	15					20					
W_4	48					68					
W_5	72					90					
W_6	114					134					
W_7	120					145					
L_1	132	162	182	212	232	160	180	210	230	280	330
L_2	114	144	164	194	214	138	158	188	208	258	308
L_3	56	86	106	136	156	64	84	114	124	174	224
L_4	114	144	164	194	214	134	154	184	204	254	304
L_5	—	52	72	102	122	—	46	76	96	146	196
L_6	—	96	116	146	166	—	98	128	148	198	248
L_7	—	144	164	194	214	—	154	184	204	254	304
D_1	16					20					
D_2	12					12					
M_1	4×M10					4×M12				6×M12	
M_2	4×M6					4×M8					

代号	系列											
	2020	2023	2025	2030	2035	2040	2323	2325	2327	2330	2335	2340
W	200						230					
L	200	230	250	300	350	400	230	250	270	300	350	400
W_1	250						280					
W_2	38						43					
W_3	120						140					
A、B	25、30、35、40、45、50、60、70、80、90、100						25、30、35、40、45、50、60、70、80、90、100					
C	60、70、80						70、80、90					
H_1	25						25					
H_2	30						35					
H_3	20						20					
H_4	30						30					

（续）

代号	系列											
	2020	2023	2025	2030	2035	2040	2323	2325	2327	2330	2335	2340
H_5	15						15					
H_6	20						20					
W_4	84	80					106					
W_5	100						120					
W_6	154						184					
W_7	160						185					
L_1	180	210	230	280	330	380	210	230	250	280	330	380
L_2	150	180	200	250	300	350	180	200	220	250	300	350
L_3	80	110	130	180	230	280	106	126	144	174	224	274
L_4	154	184	204	254	304	354	184	204	224	254	304	354
L_5	46	76	96	146	196	246	74	94	112	142	192	242
L_6	98	128	148	198	248	298	128	148	166	196	246	296
L_7	154	184	204	254	304	354	184	204	224	254	304	354
D_1	20						20					
D_2	12	15					15					
M_1	4×M12			6×M12			4×M12		4×M14		6×M14	
M_2	4×M8						4×M8					

代号	系列												
	2525	2527	2530	2535	2540	2545	2550	2727	2730	2735	2740	2745	2750
W	250							270					
L	250	270	300	350	400	450	500	270	300	350	400	450	500
W_1	300							320					
W_2	48							53					
W_3	150							160					
A、B	30、35、40、45、50、60、70、80、90、100、110、120							30、35、40、45、50、60、70、80、90、100、110、120					
C	70、80、90							70、80、90					
H_1	25							25					
H_2	35							40					
H_3	25							25					
H_4	35							35					
H_5	15							15					
H_6	20							20					
W_4	110							110					
W_5	130							136					
W_6	194							214					
W_7	200							215					
L_1	230	250	280	330	380	430	480	246	276	326	376	426	476
L_2	200	220	250	298	348	398	448	210	240	290	340	390	440
L_3	108	124	154	204	254	304	354	124	154	204	254	304	354
L_4	194	214	244	294	344	394	444	214	244	294	344	394	444
L_5	70	90	120	170	220	270	320	90	120	170	220	270	320

（续）

代号	系列												
	2525	2527	2530	2535	2540	2545	2550	2727	2730	2735	2740	2745	2750
L_6	130	150	180	230	280	330	380	150	180	230	280	330	380
L_7	194	214	244	294	344	394	444	214	244	294	344	394	444
D_1				25							25		
D_2		15			20						20		
M_1		4×M14			6×M14				4×M14			6×M14	
M_2				4×M8							4×M10		

代号	系列												
	3030	3035	3040	3045	3050	3055	3060	3535	3540	3545	3550	3555	3560
W				300							350		
L	300	350	400	450	500	550	600	350	400	450	500	550	600
W_1				350							450		
W_2				58							63		
W_3				180							220		
A、B				35、40、45、50、60、70、80、90、100、110、120、130							40、45、50、60、70、80、90、100、110、120、130		
C				80、90、100							90、100、110		
H_1	25				30						30		
H_2				45							45		
H_3				30							35		
H_4				45					45			50	
H_5				20							20		
H_6				25							25		
W_4		134			128				164			152	
W_5				156							196		
W_6				234					284			274	
W_7				240							285		
L_1	276	326	376	426	476	526	576	326	376	426	476	526	576
L_2	240	290	340	390	440	490	540	290	340	390	440	490	540
L_3	138	188	238	288	338	388	438	178	224	274	308	358	408
L_4	234	284	334	384	434	484	534	284	334	384	424	474	524
L_5	98	148	198	244	294	344	394	144	194	244	268	318	368
L_6	164	214	264	312	362	412	462	212	262	312	344	394	444
L_7	234	284	334	384	434	484	534	284	334	384	424	474	524
D_1				30					30			35	
D_2		20			25						25		
M_1	4×M14	6×M14			6×M16			4×M16			6×M16		
M_2				4×M10							4×M10		

代号	系列										
	4040	4045	4050	4055	4060	4070	4545	4550	4555	4560	4570
W			400						450		
L	400	450	500	550	600	700	450	500	550	600	700
W_1			450						550		

（续）

代号	系列										
	4040	4045	4050	4055	4060	4070	4545	4550	4555	4560	4570
W_2	68						78				
W_3	260						290				
A、B	40、45、50、60、70、80、90、100、110、120、130、140、150						45、50、60、70、80、90、100、110、120、130、140、150、160、180				
C	100、110、120、130						100、110、120、130				
H_1	30	35					35				
H_2	50						60				
H_3	35						40				
H_4	50						60				
H_5	25						25				
H_6	30						30				
W_4	198						226				
W_5	234						264				
W_6	324						364				
W_7	330						370				
L_1	374	424	474	524	574	674	424	474	524	574	674
L_2	340	390	440	490	540	640	384	434	484	534	634
L_3	208	254	304	254	404	504	236	286	336	386	486
L_4	324	374	424	474	524	624	364	414	464	514	614
L_5	168	218	268	318	368	468	194	244	294	344	444
L_6	244	294	344	394	444	544	276	326	376	426	526
L_7	324	374	424	474	524	624	364	414	464	514	614
D_1	35						40				
D_2	25						30				
M_1	6×M16						6×M16				
M_2	4×M12						4×M12				

代号	系列									
	5050	5055	5060	5070	5080	5555	5560	5570	5580	5590
W	500					550				
L	500	550	600	700	800	550	600	700	800	900
W_1	600					650				
W_2	88					100				
W_3	320					340				
A、B	50、60、70、80、90、100、110、120、130、140、150、160、180					70、80、90、100、110、120、130、140、150、160、180、200				
C	100、110、120、130					110、120、130、150				
H_1	35					35				
H_2	60					70				
H_3	40					40				
H_4	60					70				
H_5	25					25				
H_6	30					30				

（续）

代号	系列									
	5050	5055	5060	5070	5080	5555	5560	5570	5580	5590
W_4			256					270		
W_5			294					310		
W_6			414					444		
W_7			410					450		
L_1	474	524	574	674	774	520	570	670	770	870
L_2	434	484	534	634	734	480	530	630	730	830
L_3	286	336	386	486	586	300	350	450	550	650
L_4	414	464	514	614	714	444	494	594	694	794
L_5	244	294	344	444	544	220	270	370	470	570
L_6	326	376	426	526	626	332	382	482	582	682
L_7	414	464	514	614	714	444	494	594	694	794
D_1			40					50		
D_2			30					30		
M_1		6 × M16			8 × M16		6 × M20		8 × M20	
M_2		4 × M12			6 × M12		6 × M12		8 × M12	10 × M12

代号	系列									
	6060	6070	6080	6090	60100	6565	6570	6580	6590	65100
W			600					650		
L	600	700	800	900	1000	650	700	800	900	1000
W_1			700					750		
W_2			100					120		
W_3			390					400		
A、B	70、80、90、100、110、120、130、140、150、160、180、200					70、80、90、100、110、120、130、140、150、160、180、200、220				
C		120、130、150、180						120、130、150、180		
H_1			35					35		
H_2			80					90		
H_3			50					60		
H_4			70					80		
H_5			25					25		
H_6			30					30		
W_4			320					330		
W_5			360					370		
W_6			494					544		
W_7			500					530		
L_1	570	670	770	870	970	620	670	770	870	970
L_2	530	630	730	830	930	580	630	730	830	930
L_3	350	450	550	650	750	400	450	550	650	750
L_4	494	594	694	794	894	544	594	694	794	894
L_5	270	370	470	570	670	320	370	470	570	670
L_6	382	482	582	682	782	434	482	582	682	782
L_7	494	594	694	794	894	544	594	694	794	894

（续）

<table>
<tr><th rowspan="2">代号</th><th colspan="10">系　列</th></tr>
<tr><th>6060</th><th>6070</th><th>6080</th><th>6090</th><th>60100</th><th>6565</th><th>6570</th><th>6580</th><th>6590</th><th>65100</th></tr>
<tr><td>D_1</td><td colspan="5">50</td><td colspan="5">50</td></tr>
<tr><td>D_2</td><td colspan="5">30</td><td colspan="5">30</td></tr>
<tr><td>M_1</td><td colspan="2">6 × M20</td><td>8 × M20</td><td colspan="2">10 × M20</td><td>6 × M20</td><td colspan="2">8 × M20</td><td colspan="2">10 × M20</td></tr>
<tr><td>M_2</td><td colspan="2">6 × M12</td><td>8 × M12</td><td colspan="2">10 × M12</td><td colspan="2">6 × M12</td><td>8 × M12</td><td colspan="2">10 × M12</td></tr>
</table>

<table>
<tr><th rowspan="2">代号</th><th colspan="9">系　列</th></tr>
<tr><th>7070</th><th>7080</th><th>7090</th><th>70100</th><th>70125</th><th>8080</th><th>8090</th><th>80100</th><th>80125</th></tr>
<tr><td>W</td><td colspan="5">700</td><td colspan="4">800</td></tr>
<tr><td>L</td><td>700</td><td>800</td><td>900</td><td>1000</td><td>1250</td><td>800</td><td>900</td><td>1000</td><td>1250</td></tr>
<tr><td>W_1</td><td colspan="5">800</td><td colspan="4">900</td></tr>
<tr><td>W_2</td><td colspan="5">120</td><td colspan="4">140</td></tr>
<tr><td>W_3</td><td colspan="5">450</td><td colspan="4">510</td></tr>
<tr><td>A、B</td><td colspan="5">70、80、90、100、110、120、130、140、150、160、180、200、220、250</td><td colspan="4">80、90、100、110、120、130、140、150、160、180、200、220、250、280、300</td></tr>
<tr><td>C</td><td colspan="5">150、180、200、250</td><td colspan="4">150、180、200、250</td></tr>
<tr><td>H_1</td><td colspan="5">40</td><td colspan="4">40</td></tr>
<tr><td>H_2</td><td colspan="5">100</td><td colspan="4">120</td></tr>
<tr><td>H_3</td><td colspan="5">60</td><td colspan="4">70</td></tr>
<tr><td>H_4</td><td colspan="5">90</td><td colspan="4">100</td></tr>
<tr><td>H_5</td><td colspan="5">25</td><td colspan="4">30</td></tr>
<tr><td>H_6</td><td colspan="5">30</td><td colspan="4">40</td></tr>
<tr><td>W_4</td><td colspan="5">380</td><td colspan="4">420</td></tr>
<tr><td>W_5</td><td colspan="5">420</td><td colspan="4">470</td></tr>
<tr><td>W_6</td><td colspan="5">580</td><td colspan="4">660</td></tr>
<tr><td>W_7</td><td colspan="5">580</td><td colspan="4">660</td></tr>
<tr><td>L_1</td><td>670</td><td>770</td><td>870</td><td>970</td><td>1220</td><td>760</td><td>860</td><td>960</td><td>1210</td></tr>
<tr><td>L_2</td><td>630</td><td>730</td><td>830</td><td>930</td><td>1180</td><td>710</td><td>810</td><td>910</td><td>1160</td></tr>
<tr><td>L_3</td><td>420</td><td>520</td><td>620</td><td>720</td><td>970</td><td>500</td><td>600</td><td>700</td><td>950</td></tr>
<tr><td>L_4</td><td>580</td><td>680</td><td>780</td><td>880</td><td>1130</td><td>660</td><td>760</td><td>860</td><td>1110</td></tr>
<tr><td>L_5</td><td>324</td><td>424</td><td>524</td><td>624</td><td>874</td><td>378</td><td>478</td><td>578</td><td>828</td></tr>
<tr><td>L_6</td><td>452</td><td>552</td><td>652</td><td>752</td><td>1002</td><td>516</td><td>616</td><td>716</td><td>966</td></tr>
<tr><td>L_7</td><td>580</td><td>680</td><td>780</td><td>880</td><td>1130</td><td>660</td><td>760</td><td>860</td><td>1110</td></tr>
<tr><td>D_1</td><td colspan="5">60</td><td colspan="4">70</td></tr>
<tr><td>D_2</td><td colspan="5">30</td><td colspan="4">35</td></tr>
<tr><td>M_1</td><td colspan="2">8 × M20</td><td>10 × M20</td><td>12 × M20</td><td>14 × M20</td><td colspan="2">8 × M24</td><td>10 × M24</td><td>12 × M24</td></tr>
<tr><td>M_2</td><td>6 × M12</td><td>8 × M12</td><td colspan="3">10 × M12</td><td>8 × M16</td><td colspan="3">10 × M16</td></tr>
</table>

<table>
<tr><th rowspan="2">代号</th><th colspan="10">系　列</th></tr>
<tr><th>9090</th><th>90100</th><th>90125</th><th>90160</th><th>100100</th><th>100125</th><th>100160</th><th>125125</th><th>125160</th><th>125200</th></tr>
<tr><td>W</td><td colspan="4">900</td><td colspan="3">100</td><td colspan="3">1250</td></tr>
<tr><td>L</td><td>900</td><td>100</td><td>1250</td><td>1600</td><td>1000</td><td>1250</td><td>1600</td><td>1250</td><td>1600</td><td>2000</td></tr>
<tr><td>W_1</td><td colspan="4">1000</td><td colspan="3">1200</td><td colspan="3">1500</td></tr>
<tr><td>W_2</td><td colspan="4">160</td><td colspan="3">180</td><td colspan="3">220</td></tr>
</table>

（续）

代号	系列									
	9090	90100	90125	90160	100100	100125	100160	125125	125160	125200
W_3	560				620			790		
A、B	90、100、110、120、130、140、150、160、180、200、250、280、300、350				100、110、120、130、140、150、160、180、200、220、250、280、350、400			100、110、120、130、140、150、160、180、200、220、250、280、350、400		
C	180、200、250、300				180、200、250、300			180、200、250、300		
H_1	50				60			70		
H_2	150				160			180		
H_3	70				80			80		
H_4	100				120			120		
H_5	30				30、40			40、50		
H_6	40				40、50			50、60		
W_4	470				580			750		
W_5	520				620			690		
W_6	760				840			1090		
W_7	740				820			1030		
L_1	860	960	1210	1560	960	1210	1560	1210	1560	1960
L_2	810	910	1160	1510	900	1150	1500	1150	1500	1900
L_3	600	700	950	1300	650	900	1250	900	1250	1650
L_4	760	860	1110	1460	840	1090	1440	1090	1440	1840
L_5	478	578	828	1178	508	758	1108	758	1108	1508
L_6	616	716	966	1316	674	924	1274	924	1274	1674
L_7	760	860	1110	1460	840	1090	1440	1090	1440	1840
D_1	70				80			80		
D_2	35				40			40		
M_1	10 × M24	12 × M24		14 × M24	12 × M24		14 × M24	12 × M30	14 × M30	16 × M30
M_2	10 × M16		12 × M16		10 × M16	12 × M16		12 × M16		

四、标准模架型号、系列、规格及标记

1）标准模架中每一组和形式代表一个型号。同一型号中根据定、动模板的周界尺寸（宽 × 长）划分系列。同一系列中根据定、动模板和垫块的厚度划分规格。按照 GB/T 12555—2006《塑料注射模模架》标准规定的模架应有下列标记：

① 模架。

② 基本型号。

③ 系列代号。

④ 定模板厚度 A，以 mm 为单位。

⑤ 动模板厚度 B，以 mm 为单位。

⑥ 垫块厚度 C，以 mm 为单位。

⑦ 拉杆导柱长度，以 mm 为单位。

⑧ 标准代号，即 GB/T 12555—2006。

2）标记示例

① 模板宽200mm、长250mm，A=50mm，B=40mm，C=70mm 的直浇口 A 型模架标记为：模架　A2025-50×40×70　GB/T　12555—2006。

② 模板宽300mm、长300mm，A=50mm，B=60mm，C=90mm，拉杆导柱长度200mm的点浇口 B 型模架标记为：模架　DB 2030-50×60×90-200　GB/T　12555—2006。

课题二　注塑模具其他标准零部件

知识点：

注塑模标准件

能力点：

注塑模标准件

国家标准 GB/T　4169—2006《塑料注射模零件》分为23部分，分别为塑料注射模零件推杆；塑料注射模零件直导套；塑料注射模零件带头导套；塑料注射模零件带头导柱；塑料注射模零件带肩导柱；塑料注射模零件垫块；塑料注射模零件推板；塑料注射模零件模板；塑料注射模零件限位钉；塑料注射模零件支承柱；塑料注射模零件圆形定位元件；塑料注射模零件推板导套；塑料注射模零件复位杆；塑料注射模零件推板导柱；塑料注射模零件扁推杆；塑料注射模零件带肩推杆；塑料注射模零件推管；塑料注射模零件定位圈；塑料注射模零件浇口套；塑料注射模零件拉杆导柱；塑料注射模零件矩形定位元件；塑料注射模零件圆形拉模扣；塑料注射模零件矩形拉模扣。

标准规定了塑料注射模用零件的尺寸规格和公差，同时还给出了材料指南和硬度要求，并规定了推杆标记方式。本书将对主要零件作分别介绍。

一、推杆

推杆分为直推杆、扁推杆和带肩推杆。

（1）直推杆　直杆式可改制成拉杆或直接用作复位杆，也可作为推管的芯杆使用。

1）标准推杆的尺寸规格见表6-2。

表6-2　标准推杆的尺寸规格　（单位：mm）

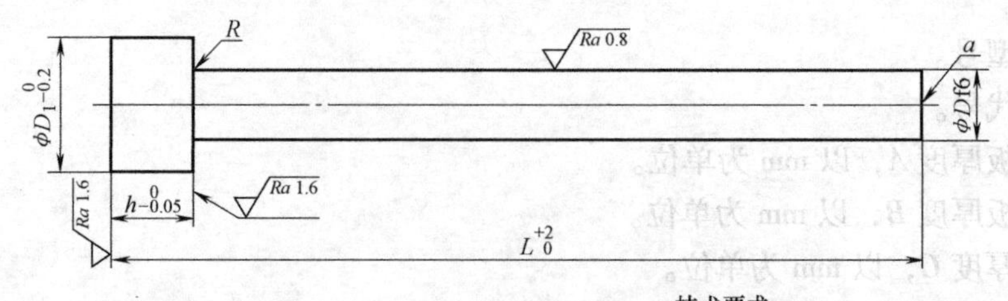

技术要求

1. 未注表面粗糙度值为Ra 6.3μm。

2. 端面不允许留中心孔，棱边不允许倒钝。

（续）

标记示例：$D = 1$mm，$L = 80$mm 的推杆为“推杆 1×80 GB/T 4169.1—2006”

D	D_1	h	R	L												
				80	100	125	150	200	250	300	350	400	500	600	700	800
1	4	2	0.3	×	×	×	×	×								
1.2				×	×	×	×	×								
1.5				×	×	×	×	×								
2				×	×	×	×	×	×	×	×					
2.5	5			×	×	×	×	×	×	×	×	×				
3	6	3	0.5	×	×	×	×	×	×	×	×	×	×			
4	8			×	×	×	×	×	×	×	×	×	×	×		
5	10			×	×	×	×	×	×	×	×	×	×	×		
6	12	5	0.8		×	×	×	×	×	×	×	×	×	×		
7	12				×	×	×	×	×	×	×	×	×	×		
8	14				×	×	×	×	×	×	×	×	×	×	×	
10	16				×	×	×	×	×	×	×	×	×	×	×	
12	18	8			×	×	×	×	×	×	×	×	×	×	×	×
14					×	×	×	×	×	×	×	×	×	×	×	×
16	22						×	×	×	×	×	×	×	×	×	×
18	24						×	×	×	×	×	×	×	×	×	×
20	26						×	×	×	×	×	×	×	×	×	×
25	32	10	1				×	×	×	×	×	×	×	×	×	×

注：1. 材料由制造者选定，推荐采用4Cr5MoSiV1、3CrW8V。

2. 硬度50～55HRC，其中固定端30mm范围内硬度35～45HRC。

3. 淬火后表面可进行渗氮处理，渗氮层深度为0.08～0.15mm，心部硬度40～44HRC，表面硬度≥900HV。

4. 其余应符合GB/T 4170—2006的规定。

2）推杆与推杆孔的配合。推杆与推杆孔间为间隙配合，一般选H8/f8，其配合间隙兼有排气作用，但不应大于所用塑料的排气间隙（根据所用塑料的熔融黏度而定），以防漏料。配合长度一般为推杆直径的2～3倍。推杆端面应精细抛光，因其已构成型腔的一部分。为了不影响塑件的装配和使用，推杆端面应高于型腔表面0.1mm。

推杆顶出是应用最广的一种顶出形式，它几乎可以适用于各种形状塑件的脱模。但其顶出力作用面积较小，如设计不当，易发生塑件被顶坏的情况，而且还会在塑件上留下明显的顶出痕迹。

（2）扁推杆 标准扁推杆的尺寸规格见表6-3。

（3）带肩推杆 标准带肩推杆的尺寸规格见表6-4。

二、限位钉

限位钉用于支撑推出机构，并调节推出距离，是防止推出机构复位时受异物阻碍的零件。标准限位钉的尺寸规格见表6-5。

表 6-3　标准扁推杆的尺寸规格　　（单位：mm）

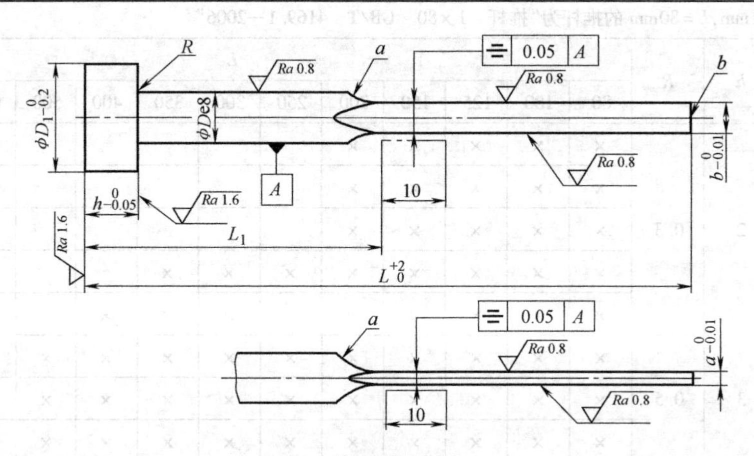

技术要求

1. 未注表面粗糙度值为Ra 6.3μm。
2. 圆弧半径小于10mm。
3. 端面不允许留中心孔，棱边不允许倒钝。

标记示例：厚度 $a=1$mm，宽度 $b=4$mm，长度 $L=80$mm 的扁推杆，扁推杆　1×4×100　GB/T　4169.15—2006

D	D_1	a	b	h	R	L 80	L 100	L 125	L 160	L 200	L 250	L 300
						L_1 40	L_1 50	L_1 63	L_1 80	L_1 100	L_1 125	L_1 150
4	8	1	3	3	0.3	×	×	×	×	×		
		1.2				×	×	×	×	×		
5	10	1	4			×	×	×	×	×		
		1.2				×	×	×	×	×		
6	12	1.2	5	5	0.5		×	×	×	×		
		1.5					×	×	×	×		
		1.8					×	×	×	×		
8	14	1.5	6					×	×	×	×	
		1.8						×	×	×	×	
		2						×	×	×	×	
10	16	1.5	8						×	×	×	×
		1.8							×	×	×	×
		2							×	×	×	×
12	18	1.5	10	7	0.8					×	×	×
		1.8								×	×	×
		2								×	×	×
16	22	2	14							×	×	×
		2.5								×	×	×

注：1. 材料由制造者选定，推荐采用 4Cr5MoSiV1、3CrW8V。
2. 硬度为 45～50HRC。
3. 淬火后表面可进行渗氮处理，渗氮层深度为 0.08～0.15mm，心部硬度为 40～44HRC，表面硬度≥900HV。
4. 其余应符合 GB/T　4170—2006 的规定。

表 6-4　标准带肩推杆的尺寸规格　　(单位：mm)

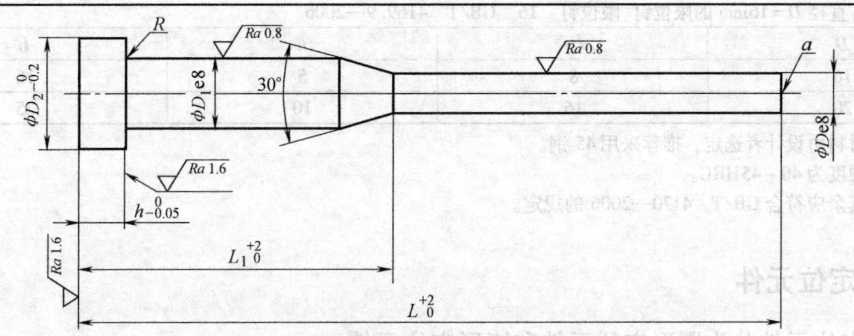

技术要求
1. 未注表面粗糙度值为 Ra 6.3μm。
2. 端面不允许留中心孔，棱边不允许倒钝。

标记示例：直径 D = 1mm，长度 L = 80mm 的带肩推杆，带肩推杆 1 × 80　GB/T　4169.16—2006

D	D_1	D_2	h	R	L 80	100	125	150	200	250	300	350	400
					L_1 40	50	63	75	100	125	150	175	200
1	2	4	2		×	×	×	×	×				
1.5					×	×	×	×	×				
2	3	6	3	0.3	×	×	×	×	×				
2.5					×	×	×	×	×				
3	4	8				×	×	×	×	×			
3.5	8	14				×	×	×	×	×			
4			5			×	×	×	×	×	×		
4.5	10	16				×	×	×	×	×	×		
5				0.8		×	×	×	×	×	×		
6	12	18					×	×	×	×	×	×	
8			7						×	×	×	×	
10	16	22								×	×	×	×

注：1. 材料由制造者选定，推荐采用 4Cr5MoSiV1、3CrW8V。
2. 硬度为 45 ~ 50HRC。
3. 淬火后表面可进行渗氮处理，渗氮层深度为 0.08 ~ 0.15mm，心部硬度为 40 ~ 44HRC，表面硬度≥900HV。
4. 其余应符合 GB/T 4170—2006 的规定。

表 6-5　标准限位钉的尺寸规格　　(单位：mm)

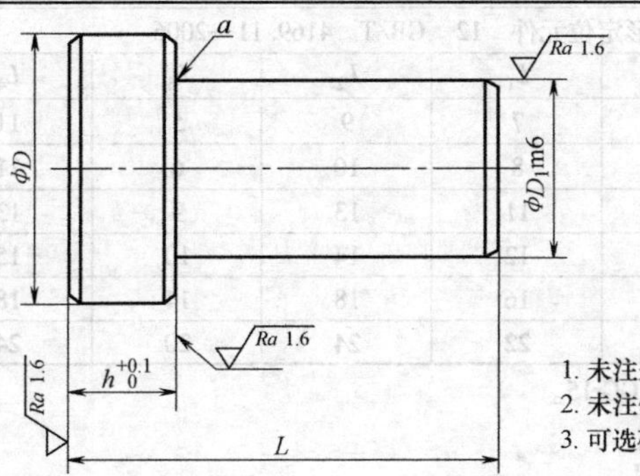

技术要求
1. 未注表面粗糙度值为 Ra 6.3μm。
2. 未注倒角C1。
3. 可选砂轮越程槽或 R0.5～R1mm圆角。

(续)

标记示例：直径 $D=16$mm 的限位钉，限位钉 16 GB/T 4169.9—2006			
D	D_1	h	L
16	8	5	16
20	16	10	25

注：1. 材料由设计者选定，推荐采用45钢。
2. 硬度为40～45HRC。
3. 其余应符合GB/T 4170—2006的规定。

三、定位元件

标准定位元件分为圆形定位元件和矩形定位元件。

（1）圆形定位元件　圆形定位元件主要用于动模、定模之间需要精确定位的场合，例如在注射成型薄壁制品塑件时，为保证壁厚均匀，则需要使用该标准零件进行精确定位。对同轴度要求高的塑件，而且其型腔分别设在动模和定模上时，也需要使用该标准零件进行精确定位，同时它还具有增强模具刚性的效果。在模具中采用的数量视需要确定。

1）标准圆形定位元件的尺寸规格见表6-6。

表6-6　标准圆形定位元件的尺寸规格　（单位：mm）

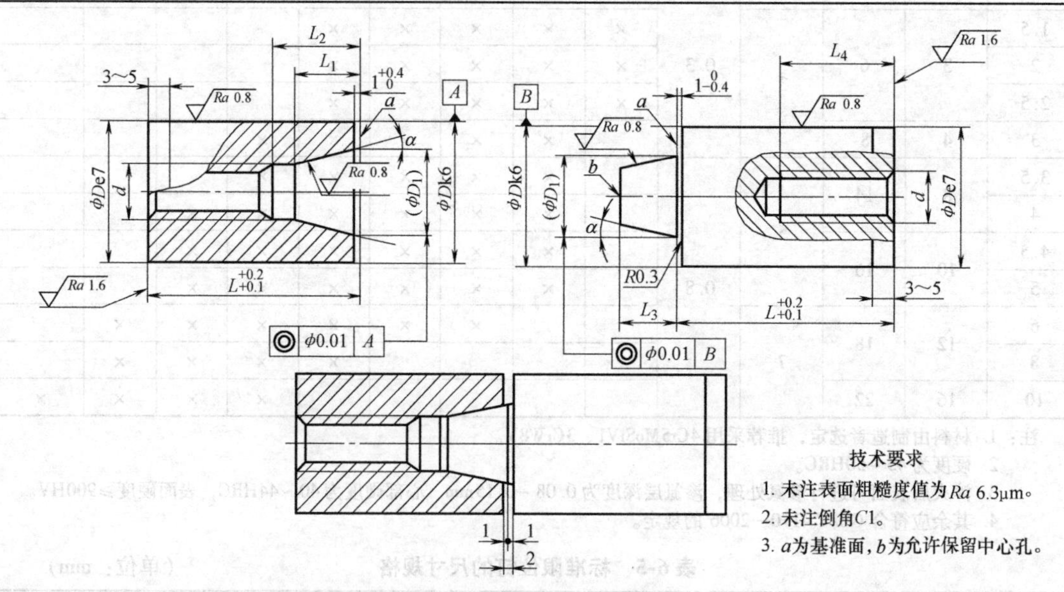

标记示例：直径 $D=12$mm 的圆形定位元件，圆形定位元件 12 GB/T 4169.11—2006								
D	D_1	d	L	L_1	L_2	L_3	L_4	α/(°)
12	6	M4	20	7	9	5	11	5
16	10	M5	25	8	10	6	11	5,10
20	13	M6	30	11	13	9	13	
25	16	M8	30	12	14	10	15	
30	20	M10	40	16	18	14	18	
35	24	M12	50	22	24	20	24	

注：1. 材料由制造者选定，推荐采用T10A，GGr15。
2. 硬度为58～62HRC。
3. 其余应符合GB/T 4170—2006的规定。

2）大型模具的对合导向机构。对于尺寸较大的模具，必须采用动模、定模模板各带锥面的对合机构，并与导柱、导套联合使用。圆形型腔锥面对合机构如图6-16所示。图6-16a所示为型腔模板环抱型芯模板的结构，成型时，在型腔内塑料的压力作用下型腔侧壁向外张开，会使对合锥面出现间隙。图6-16b所示为型芯模板环抱型腔模板的结构，成型时对合锥面会贴得更紧，是更理想的选择。锥面角度取较小值有利于对合定位，但会增大开模阻力，锥面的单面斜角一般可在7°~15°范围内选取。

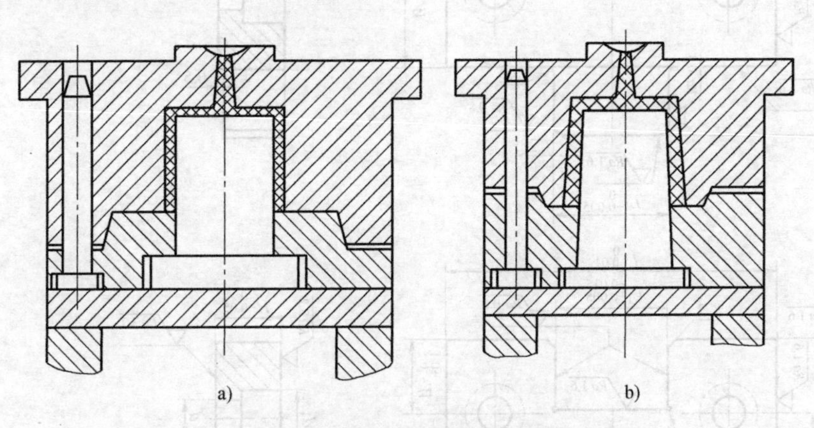

图6-16 圆形型腔锥面对合机构

a）型腔模板环抱型芯模板 b）型芯模板环抱型腔模板

对于方形（或矩形）型腔的锥面对合，可以将型腔模板的锥面与型腔设计成一个整体，型芯一侧的锥面可设计成独立件镶拼到型芯模板上，如图6-17所示。这样的结构加工简单，也容易通过调整镶件锥面对塑件壁厚进行调整，磨损后镶件也便于更换。

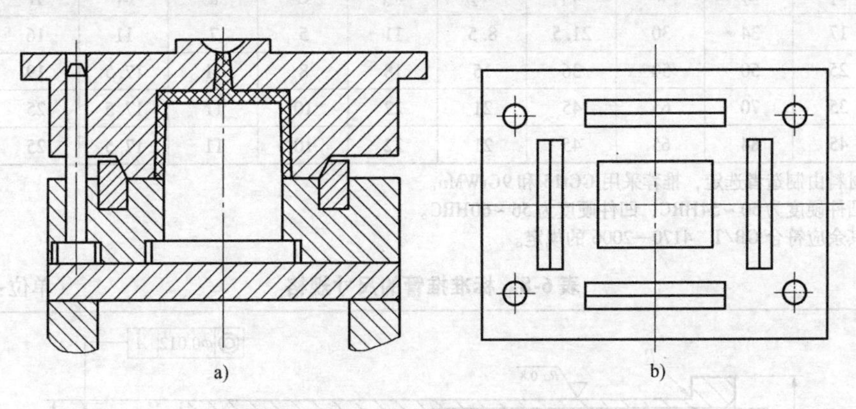

图6-17 方形型腔的锥面对合机构

（2）矩形定位元件 标准矩形定位元件的尺寸规格见表6-7。

四、推管

（1）推管的尺寸规格 标准推管的尺寸规格见表6-8。

（2）推管的应用 推管脱模常用于圆筒状塑件的推出。它可提供均匀脱模力，用于一模多腔成型时更为有利。将型腔和型芯均设计在动模，可保证制件孔与其外圆的同心度。对于台阶筒体和锥形筒体，如图6-18a、6-18b所示，只能用推管脱模。

表 6-7　标准矩形定位元件的尺寸规格　　　　（单位：mm）

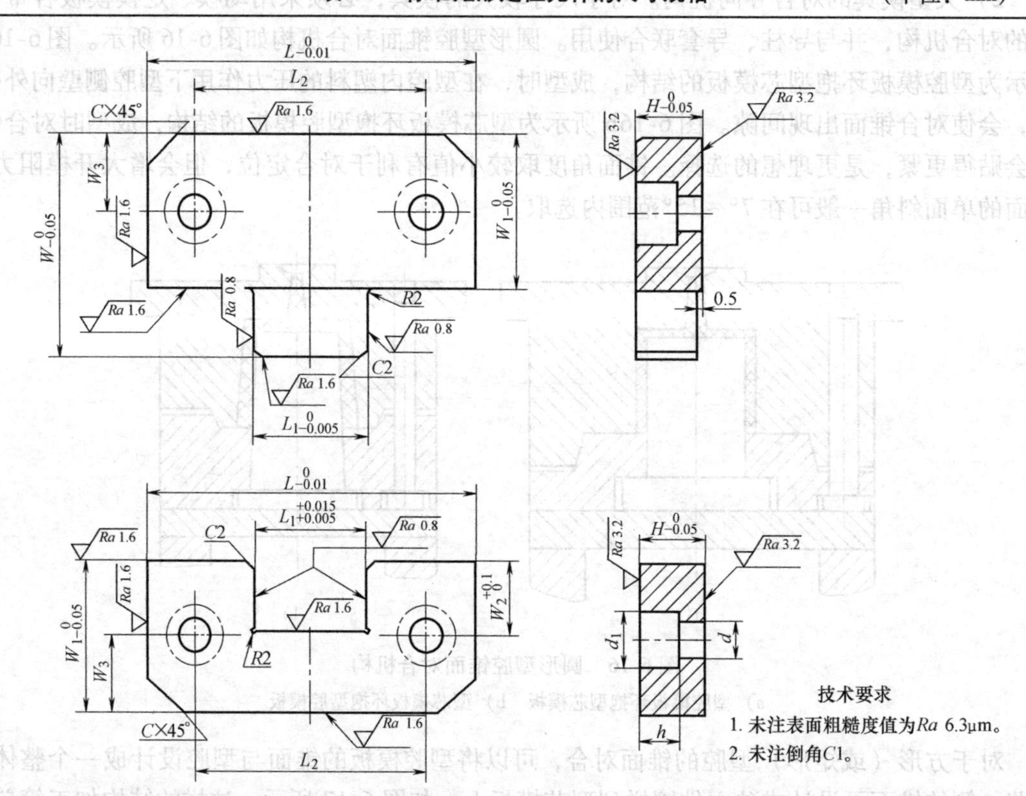

标记示例：直径 $L=50$mm 的矩形定位元件，矩形定位元件　50　GB/T　4169.21—2006

L	L_1	L_2	W	W_1	W_2	W_3	C	d	d_1	H	h
50	17	34	30	21.5	8.5	11	5	7	11	16	8
75	25	50	50	36	15	18	8	11	17.5	19	12
100	35	70	65	45	21	22	10	11	17.5	25	12
125	45	84	65	45	21	22	10	11	17.5	25	12

注：1. 材料由制造者选定，推荐采用 GGr15 和 9GrWMn。
2. 凸件硬度为 50～54HRC，凹件硬度为 56～60HRC。
3. 其余应符合 GB/T　4170—2006 的规定。

表 6-8　标准推管的尺寸规格　　　　（单位：mm）

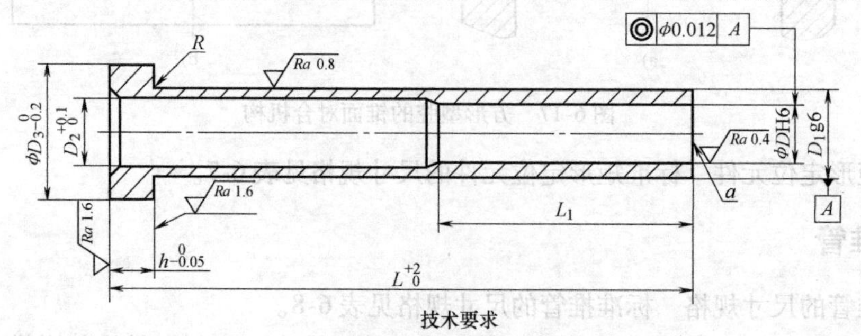

（续）

标记示例：直径 $D=2$mm，长度 $L=80$mm 的推管，推管 2×80 GB/T 4169.17—2006

D	D_1	D_2	D_3	h	R	L_1	L						
							80	100	125	150	175	200	250
2	4	2.5	8			35	×	×	×				
2.5	5	3	10	3	0.3		×	×	×				
3	5	3.5					×	×		×			
4	6	4.5	12				×	×	×	×	×	×	
5	8	5.5	14	5	0.5		×	×	×	×	×	×	
6	10	6.5	16			45		×	×	×	×	×	×
8	12	8.5	20					×	×	×	×	×	×
10	14	10.5	22	7	0.8			×	×	×	×	×	×
12	16	12.5	22						×	×	×	×	×

注：1. 材料由制造者选定，推荐采用 4Cr5MoSiV1、3Cr2W8V。

2. 硬度 45～50HRC。

3. 淬火后表面可进行渗碳处理，渗碳层深度为 0.08～0.15mm，心部硬度 40～44HRC，表面硬度≥900HV。

4. 其余应符合 GB/T 4170—2006 的规定。

要求推管内外表面都能顺利滑动。其滑动长度部分的淬火硬度为 50HRC 左右，且长度等于脱模行程与配合长度之和，再加上 5～6mm 的余量。非配合长度均应采用 0.5～1mm 的双面间隙。

推管在推出位置与型芯应有 8～10mm 的配合长度，推管壁厚应在 1.5mm 以上。必要时采用阶梯推管，如图 6-18a 所示。推管脱模机构有三类形式：长型芯推管紧固在模具底板上，如图 6-18a 所示，结构可靠，但底板加厚，型芯延长，只用于脱模行程不大的场合；中长型芯推管用推杆推拉，如图 6-18b 所示，该结构的型芯和推管可较短些，但动模板因容纳脱模行程而增厚；短型芯推管如图 6-18c 所示，这种结构使用较多。为避免型芯固定凸肩与运动推管干涉，型芯凸肩应有缺口，或用键固定，否则型芯固定不可靠。推管必须开窗，或剖切成 2～3 个脚，以防推管被削弱，且制造较困难。

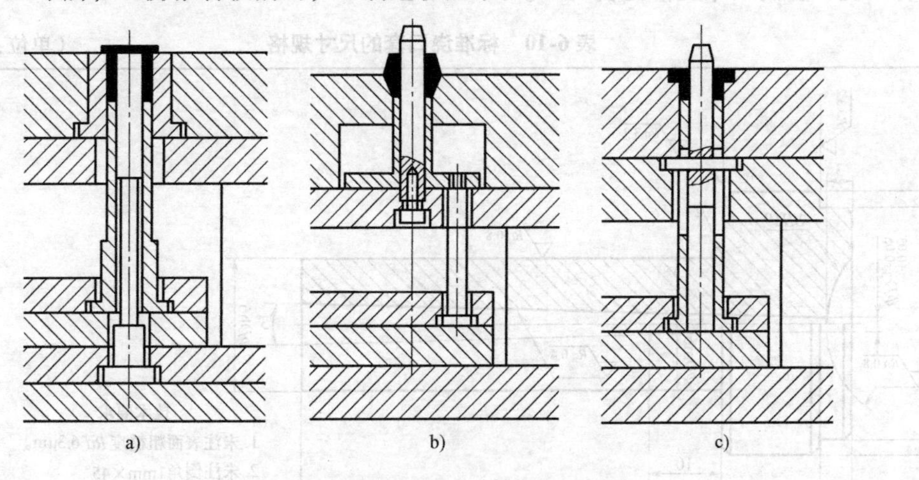

图 6-18 推管脱模的结构类型

a）长型芯推管 b）中长型芯推管 c）短型芯推管

五、定位圈

定位圈与注射机定模固定板中心的定位孔配合，其作用是为了使主流道与喷嘴和机筒对中。在应用标准定位圈时应注意：定位圈与注射机定模固定板上的定位孔之间采取比较松的间隙配合，如 H11/h11 或 H11/b11；对于小型模具，定位圈与定位孔的配合长度可取 8 ~ 10mm，对于大型模具则可取 10 ~15mm。标准定位圈的尺寸规格见表 6-9。

表 6-9　标准定位圈的尺寸规格　　（单位：mm）

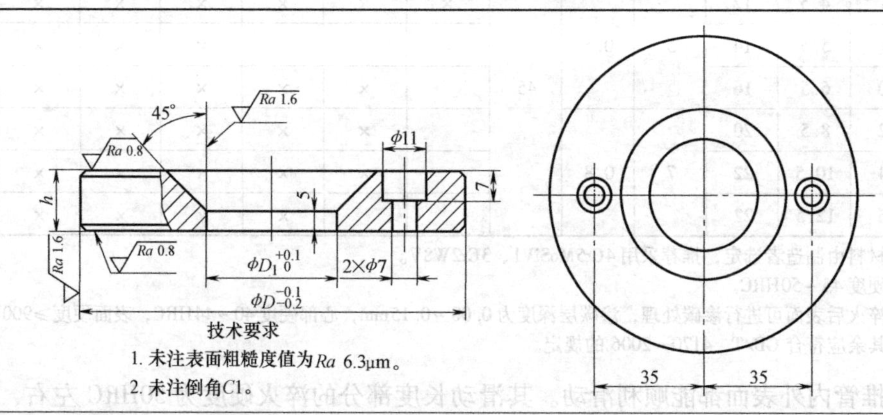

标记示例：直径 D = 100mm 的定位圈，定位圈　100　GB/T　4169. 18—2006

D	D_1	h
100		
120	35	15
150		

注：1. 材料由制造者选定，推荐采用 45 钢。
2. 硬度为 28 ~32HRC。
3. 其余应符合 GB/T　4170—2006 的规定。

六、浇口套

标准浇口套的尺寸规格见表 6-10。

表 6-10　标准浇口套的尺寸规格　　（单位：mm）

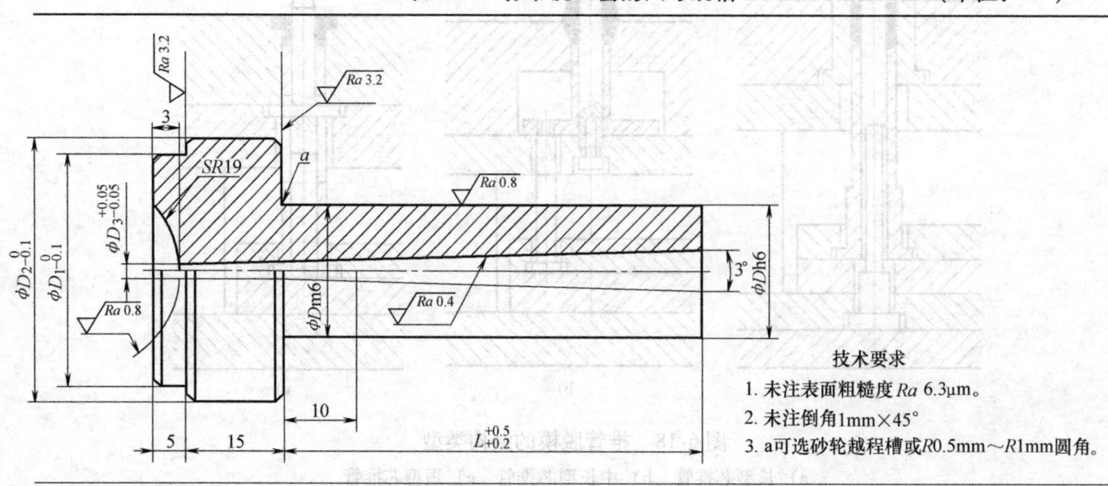

（续）

标记示例：直径 $D=12\text{mm}$、长度 $L=50\text{mm}$ 的浇口套，浇口套 12×50 GB/T 4169.19—2006

D	D_1	D_2	D_3	L		
				50	80	100
12	35	40	2.8	×		
16			2.8	×	×	
20			3.2	×	×	×
25			4.2	×	×	×

注：1. 材料由制造者选定，推荐采用45钢。
2. 局部热处理，$SR19\text{mm}$ 球面硬度38～45HRC。
3. 其余应符合 GB/T 4170—2006 的规定。

七、拉杆导柱

标准拉杆导柱的尺寸规格见表6-11。

表6-11 标准拉杆导柱的尺寸规格 （单位：mm）

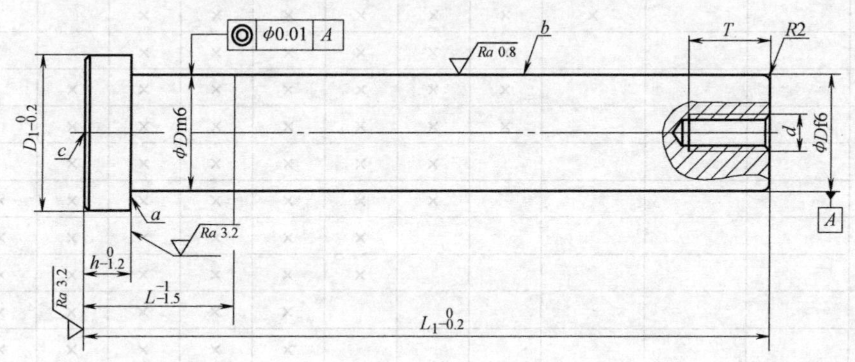

技术要求
1. 未注表面粗糙度 $R_a=6.3\mu\text{m}$；未注倒角 1mm×45°
2. a 可选砂轮越程槽或 $R0.5\sim1\text{mm}$ 圆角
3. b 允许开油槽
4. c 允许保留中心孔

标记示例：直径 $D=16\text{mm}$、长度 $L=100\text{mm}$ 的拉杆导柱，拉杆导柱 16×100 GB/T 4169.20—2006

D		16	20	25	30	35	40	50	60	70	80	90	100
D_1		21	25	30	35	40	45	55	66	76	86	96	106
h		8	10	12	14	16	18	20	25				
d		M10	M12	M14	M16				M20		M24		
T		25	30	35	40				50		60		
L_1		25	30	35	45	50	60	70 80	90	100	120	140	150
L	100	×	×	×									
	110	×	×	×									
	120	×	×	×									
	130	×	×	×	×								
	140	×	×	×	×								

（续）

	150	×	×	×	×								
	160	×	×	×	×	×							
	170	×	×	×	×	×							
	180	×	×	×	×	×							
	190	×	×	×	×	×							
	200	×	×	×	×	×	×						
	210		×	×	×	×	×						
	220		×	×	×	×	×						
	230		×	×	×	×	×						
	240		×	×	×	×	×						
	250		×	×	×	×	×	×					
	260			×	×	×	×	×					
	270			×	×	×	×	×					
	280			×	×	×	×	×	×				
L	290			×	×	×	×	×	×				
	300			×	×	×	×	×	×	×			
	320				×	×	×	×	×	×			
	340				×	×	×	×	×	×	×		
	360				×	×	×	×	×	×	×		
	380					×	×	×	×	×	×		
	400					×	×	×	×	×	×	×	×
	450						×	×	×	×	×	×	×
	500						×	×	×	×	×	×	×
	550							×	×	×	×	×	×
	600							×	×	×	×	×	×
	650									×	×	×	×
	700									×	×	×	×
	750									×	×	×	×
	800									×	×	×	×

注：1. 材料由制造者选定，推荐采用 T10A、GCr15、20Cr。
2. 硬度 56～60HRC。20Cr 渗碳 0.5～0.8mm，硬度 56～60HRC。
3. 其余应符合 GB/T 4170—2006 的规定。

八、拉模扣

拉模扣分为圆形拉模扣和矩形拉模扣。

（1）圆形拉模扣

1）标准圆形拉模扣的尺寸规格见表 6-12。

2）标准圆形拉模扣的装配图如图 6-19 所示。

（2）矩形拉模扣　标准矩形拉模扣的尺寸规格见表 6-13。

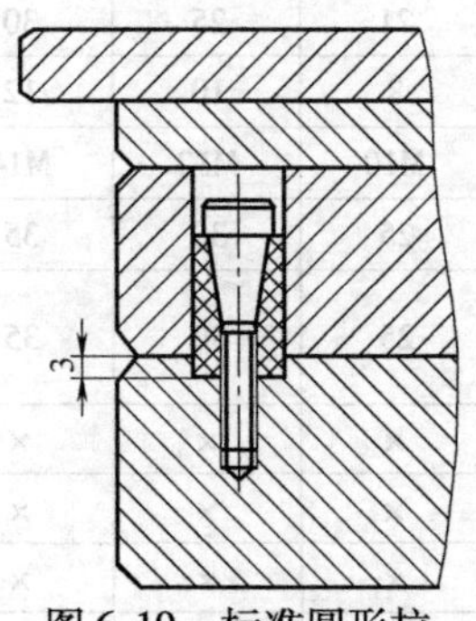

图 6-19　标准圆形拉模扣装配图

表 6-12 标准圆形拉模扣 （单位：mm）

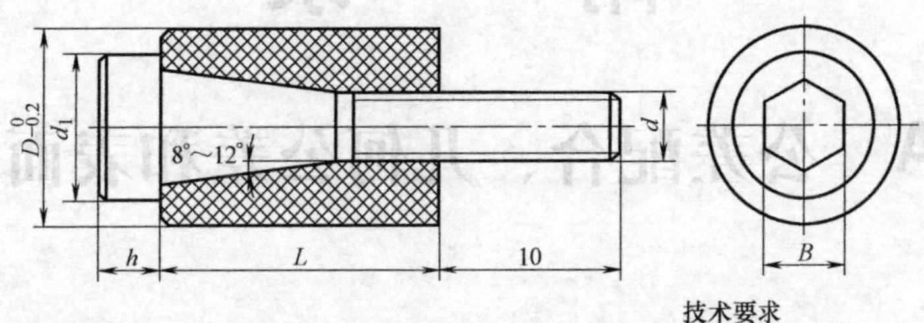

技术要求
未注倒角C1。

标记示例：直径 $D=12$mm 的圆形拉模扣，圆形拉模扣 12 GB/T 4169.22—2006

D	L	d	d_1	h	B
12	20	M6	10	4	5
16	25	M8	14	5	6
20	30	M10	18	5	8

注：1. 材料由制造者选定，推荐采用尼龙 66。
2. 螺钉推荐采用 45 钢，硬度 28～32HRC。
3. 其余应符合 GB/T 4170—2006 的规定。

表 6-13 标准矩形拉模扣的尺寸规格 （单位：mm）

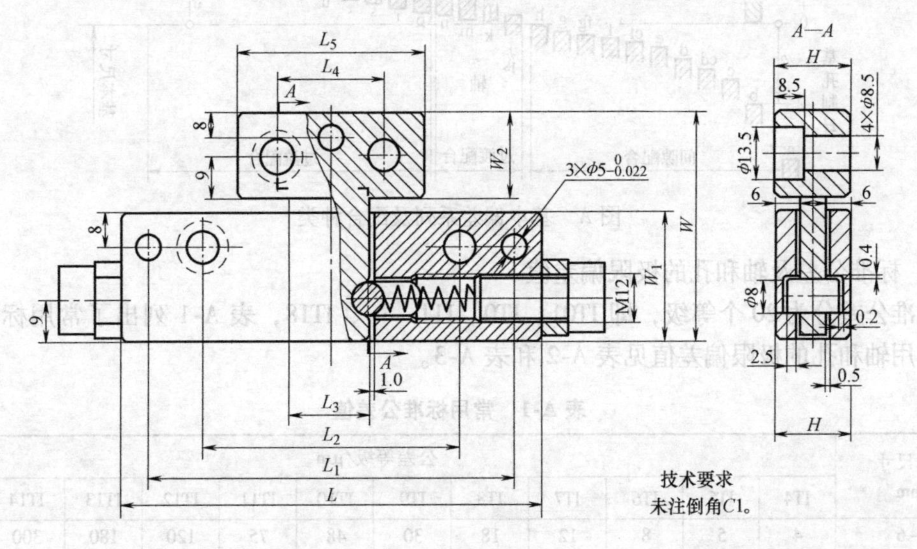

标记示例：宽度 $W=52$mm、长度 $L=100$mm 的矩形拉模扣，矩形拉模扣 52×100 GB/T 4169.23—2006

W	W_1	W_2	L	L_1	L_2	L_3	L_4	L_5	H
52 80	30	20	100	85	60	20	25	45	22
66 110	36	28	120	100	70	24	35	60	28

注：1. 材料由制造者选定，本体与插体推荐采用 45 钢，顶销推荐采用 GCr15。
2. 插件硬度 40～45HRC，顶销硬度 58～62HRC。
3. 最大使用负荷应达到：$L=100$mm 为 10kN，$L=120$mm 为 12kN。
4. 其余应符合 GB/T 4170—2006 的规定。

附　录

附录 A　公差配合、几何公差和表面粗糙度

1. 公差配合

1）基本偏差系列及配合种类（见图 A）。

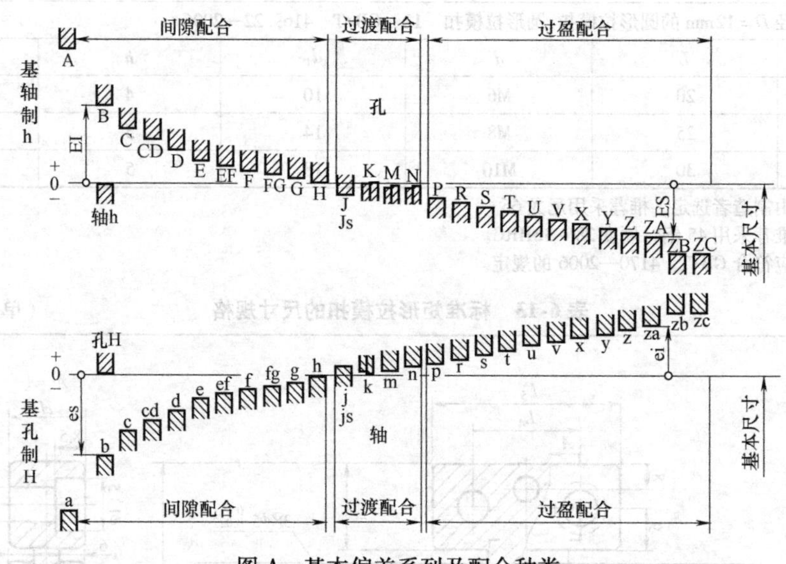

图 A　基本偏差系列及配合种类

2）标准公差及轴和孔的极限偏差值

标准公差分为 20 个等级，即 IT01、IT0、IT1、…、IT18，表 A-1 列出了常用标准公差值。常用轴和孔的极限偏差值见表 A-2 和表 A-3。

表 A-1　常用标准公差值

基本尺寸/mm	公差等级/μm											
	IT4	IT5	IT6	IT7	IT8	IT9	IT10	IT11	IT12	IT13	IT14	IT15
3 ~ 6	4	5	8	12	18	30	48	75	120	180	300	480
6 ~ 10	4	6	9	15	22	36	58	90	150	220	360	580
10 ~ 18	5	8	11	18	27	43	70	110	180	270	430	700
18 ~ 30	6	9	13	21	33	52	84	130	210	330	520	840
30 ~ 50	7	11	16	25	39	62	100	160	250	390	620	1000
50 ~ 80	8	13	19	30	46	74	120	190	300	460	740	1200
80 ~ 120	10	15	22	35	54	87	140	220	350	540	870	1400
120 ~ 180	12	18	25	40	63	100	160	250	400	630	1000	1600
180 ~ 250	14	20	29	46	72	115	185	290	460	720	1150	1850
250 ~ 315	16	23	32	52	81	130	210	320	520	810	1300	2100
315 ~ 400	18	25	36	57	89	140	230	360	570	890	1400	2300
400 ~ 500	20	27	40	63	97	155	250	400	630	970	1550	2500

表 A-2 轴的极限偏差值 （单位：μm）

公差带	等级	基本尺寸/mm									
		0~3	>3~6	>6~10	>10~18	>18~30	>30~50	>50~80	>80~120	>120~180	>180~250
e	6	-14 -20	-20 -28	-25 -34	-32 -43	-40 -53	-50 -66	-60 -79	-72 -94	-85 -110	-100 -129
	7	-14 -24	-20 -32	-25 -40	-32 -50	-40 -61	-50 -75	-60 -90	-72 -107	-85 -125	-100 -146
	8	-14 -28	-20 -38	-25 -47	-32 -59	-40 -73	-50 -89	-60 -106	-72 -126	-85 -148	-100 -172
	9	-14 -39	-20 -50	-25 -61	-32 -75	-40 -92	-50 -112	-60 -134	-72 -159	-85 -185	-100 -215
f	6	-6 -12	-10 -18	-13 -22	-16 -27	-20 -33	-25 -41	-30 -49	-36 -58	-43 -68	-50 -79
	▼7	-6 -16	-10 -22	-13 -28	-16 -34	-20 -41	-25 -50	-30 -60	-36 -71	-43 -83	-50 -96
	8	-6 -20	-10 -28	-13 -35	-16 -43	-20 -53	-25 -64	-30 -76	-36 -90	-43 -106	-50 -122
	9	-6 -31	-10 -40	-13 -49	-16 -59	-20 -72	-25 -87	-30 -104	-36 -123	-43 -143	-50 -165
g	5	-2 -6	-4 -9	-5 -11	-6 -14	-7 -16	-9 -20	-10 -23	-12 -27	-14 -32	-15 -35
	▼6	-2 -8	-4 -12	-5 -14	-6 -17	-7 -20	-9 -25	-10 -29	-12 -34	-14 -39	-15 -44
	7	-2 -12	-4 -16	-5 -20	-6 -24	-7 -28	-9 -34	-10 -40	-12 -47	-14 -54	-15 -61
	8	-2 -16	-4 -22	-5 -27	-6 -33	-7 -40	-9 -48	-10 -56	-12 -66	-14 -77	-15 -87
h	5	0 -4	0 -5	0 -6	0 -8	0 -9	0 -11	0 -13	0 -15	0 -18	0 -20
	▼6	0 -6	0 -8	0 -9	0 -11	0 -13	0 -16	0 -19	0 -22	0 -25	0 -29
	▼7	0 -10	0 -12	0 -15	0 -18	0 -21	0 -25	0 -30	0 -35	0 -40	0 -46
	8	0 -14	0 -18	0 -22	0 -27	0 -33	0 -39	0 -46	0 -54	0 -63	0 -72
	▼9	0 -25	0 -30	0 -36	0 -43	0 -52	0 -62	0 -74	0 -87	0 -100	0 -115
	10	0 -40	0 -48	0 -58	0 -70	0 -84	0 -100	0 -120	0 -140	0 -160	0 -185
j	5	±2	+3 -2	+4 -2	+5 -3	+5 -4	+6 -5	+6 -7	+6 -9	+7 -11	+7 -13
	6	+4 -2	+6 -2	+7 -2	+8 -3	+9 -4	+11 -5	+12 -7	+13 -9	+14 -11	+16 -13
	7	+6 -4	+8 -4	+10 -5	+12 -6	+13 -8	+15 -10	+18 -12	+20 -15	+22 -18	+25 -21
js	5	±2	±2.5	±3	±4	±4.5	±5.5	±6.5	±7.5	±9	±10
	6	±3	±4	±4.5	±5.5	±6.5	±8	±9.5	±11	±12.5	±14.5
	7	±5	±6	±7	±9	±10	±12	±15	±17	±20	±23

（续）

公差带	等级	基本尺寸/mm									
		0 ~ 3	>3 ~ 6	>6 ~ 10	>10 ~ 18	>18 ~ 30	>30 ~ 50	>50 ~ 80	>80 ~ 120	>120 ~ 180	>180 ~ 250
k	5	+4 0	+6 +1	+7 +1	+9 +1	+11 +2	+13 +2	+15 +2	+18 +3	+21 +3	+24 +4
	6	+6 0	+9 +1	+10 +1	+12 +1	+15 +2	+18 +2	+21 +2	+25 +3	+28 +3	+33 +4
	7	+10 0	+13 +1	+16 +1	+19 +1	+23 +2	+27 +2	+32 +2	+38 +3	+43 +3	+50 +4
m	5	+6 +2	+9 +4	+12 +6	+15 +7	+17 +8	+20 +9	+24 +11	+28 +13	+33 +15	+37 +17
	▼6	+8 +2	+12 +4	+15 +6	+18 +7	+21 +8	+25 +9	+30 +11	+35 +13	+40 +15	+46 +17
	7	+12 +2	+16 +4	+21 +6	+25 +7	+29 +8	+34 +9	+41 +11	+48 +13	+55 +15	+63 +17
n	5	+8 +4	+13 +8	+16 +10	+20 +12	+24 +15	+28 +17	+33 +20	+38 +23	+45 +27	+51 +31
	6	+10 +4	+16 +8	+19 +10	+23 +12	+28 +15	+33 +17	+39 +20	+45 +23	+52 +27	+60 +31
	7	+14 +4	+20 +8	+25 +10	+30 +12	+36 +15	+42 +17	+50 +20	+58 +23	+67 +27	+77 +31

注：标注▼者为优先公差等级，应优先选用。

表 A-3　孔的极限偏差值　（单位：μm）

公差带	等级	基本尺寸/mm									
		0 ~ 3	>3 ~ 6	>6 ~ 10	>10 ~ 18	>18 ~ 30	>30 ~ 50	>50 ~ 80	>80 ~ 120	>120 ~ 180	>180 ~ 250
F	6	+12 +6	+18 +10	+22 +13	+27 +16	+33 +20	+41 +25	+49 +30	+58 +36	+68 +43	+79 +50
	7	+16 +6	+22 +10	+28 +13	+34 +16	+41 +20	+50 +25	+60 +30	+71 +36	+83 +43	+96 +50
	▼8	+20 +6	+28 +10	+35 +13	+43 +16	+53 +20	+64 +25	+76 +30	+90 +36	+106 +43	+122 +50
	9	+31 +6	+40 +10	+49 +13	+59 +16	+72 +20	+87 +25	+104 +30	+123 +36	+143 +43	+165 +50
G	6	+8 +2	+12 +4	+14 +5	+17 +6	+20 +7	+25 +9	+29 +10	+34 +12	+39 +14	+44 +15
	▼7	+12 +2	+16 +4	+20 +5	+24 +6	+28 +7	+34 +9	+40 +10	+47 +12	+54 +14	+61 +15
	8	+16 +2	+22 +4	+27 +5	+33 +6	+40 +7	+48 +9	+56 +10	+66 +12	+77 +14	+87 +15
H	6	+6 0	+8 0	+9 0	+11 0	+13 0	+16 0	+19 0	+22 0	+25 0	+29 0
	▼7	+10 0	+12 0	+15 0	+18 0	+21 0	+25 0	+30 0	+35 0	+40 0	+46 0
	▼8	+14 0	+18 0	+22 0	+27 0	+33 0	+39 0	+46 0	+54 0	+63 0	+72 0

（续）

公差带	等级	基本尺寸/mm									
		0~3	>3~6	>6~10	>10~18	>18~30	>30~50	>50~80	>80~120	>120~180	>180~250
J	7	+4 -6	±6	+8 -7	+10 -8	+12 -9	+14 -11	+18 -12	+22 -13	+26 -14	+30 -16
	8	+6 -8	+10 -8	+12 -10	+15 -12	+20 -13	+24 -15	+28 -18	+34 -20	+41 -22	+47 -25
JS	6	±3	±4	±4.5	±5.5	±6.5	±8	±9.5	±11	±12.5	±14.5
	7	±5	±6	±7	±9	±10	±12	±15	±17	±20	±23
	8	±7	±9	±11	±13	±16	±19	±23	±27	±31	±36
K	6	0 -6	+2 -6	+2 -7	+2 -9	+2 -11	+2 -13	+4 -15	+4 -18	+4 -21	+5 -24
	▼7	0 -10	+3 -9	+5 -10	+6 -12	+6 -15	+7 -18	+9 -21	+10 -25	+12 -28	+13 -33
	8	0 -14	+5 -13	+6 -16	+8 -19	+10 -23	+12 -27	+14 -32	+16 -38	+20 -43	+22 -50
N	6	-4 -10	-5 -13	-7 -16	-9 -20	-11 -24	-12 -28	-14 -33	-16 -38	-20 -45	-22 -51
	▼7	-4 -14	-4 -16	-4 -19	-5 -23	-7 -28	-8 -33	-9 -39	-10 -45	-12 -52	-14 -60
	8	-4 -18	-2 -20	-3 -25	-3 -30	-3 -36	-3 -42	-4 -50	-4 -58	-4 -67	-5 -77

注：标注▼者为优先公差等级，应优先选用。

3）公差与配合的使用

① 公差等级的选用。在满足使用要求的前提下，应尽可能选用较低的等级，以降低加工成本，公差等级与常用加工方法的关系见表 A-4。当公差等级高于或等于 IT8 级时，推荐选择孔的公差等级比轴低一级；当公差等级低于 IT8 时，推荐孔、轴选择同级公差。

表 A-4 公差等级与常用加工方法的关系

加工方法	公差等级(IT)												
	4	5	6	7	8	9	10	11	12	13	14	15	16
珩	○	○	○	○									
圆磨、平磨		○	○	○	○								
拉削		○	○	○	○								
铰孔			○	○	○	○	○						
车、镗				○	○	○	○	○					
铣					○	○	○	○					
刨、插							○	○					
钻孔							○	○	○	○			
冲压							○	○	○	○	○		
砂型制造、气割													○
锻造												○	

② 基轴制的选用。一般情况下，优先选用基孔制，这样可以避免定值刀具、量具规格过于复杂。与标准件配合时，通常依标准件定，如与滚动轴承配合的轴应选基孔制，与滚动

轴承外圈配合的孔应按基轴制。

③ 配合的选用。应尽可能优先选用配合（轴、孔均为优先公差等级结合而成的配合）和常用配合。表 A-5 列出了常用和优先选用的基孔制使用特性及应用举例，供选择基孔制配合时参考。此表也适用于基轴制配合，但需将表中轴的基本偏差代号改为孔的基本偏差代号（如轴的基本偏差代号为 d、e 改为孔的基本偏差代号 D、E），因而也可供选择基轴制配合时参考。

表 A-5　常用和优先选用的基孔制使用特性及应用举例

基孔制配合特性	轴的基本公差带	使用特性	应用举例
配合间隙较大	e	适用于要求有明显间隙，易于转动的配合	H7/e8 用于拉料杆与推件板的配合，H7/e7 用于复位杆与模板孔的配合
配合间隙中等	f	适用于 IT6 级～IT8 级的一般转动配合	H7/f7 用于导柱与导套孔、推管与模板孔。H8/f8 用于嵌件、活动镶块与模板定位孔、推杆与模板孔、滑块与导滑槽的配合。H9/f9 用于定位圈与主流道衬套的配合
配合间隙较小	g	适用于相对速度不大或不回转的精密定位配合	H8/g7 用于柴油机挺杆与气缸体的配合。H7/g6 用于矩形花键定心直径、可换钻套与钻模板的配合
配合间隙很小	h	适用于常拆卸或在调整时需移动或转动的连接处，或对同轴度有一定要求的孔轴配合	H7/h6、H8/h7 用于离合器与轴的配合、滑动齿轮与轴的配合。H8/h8 用于一般齿轮和轴、减速器中轴承盖和座孔、部分式滑动轴承壳和轴瓦的配合
过盈概率 <25%	j js	适用于频繁拆卸和同轴度要求较高的配合	H8/js7 用于减速器中齿轮和轴的配合
过盈概率 <55%	k	适用于冲击载荷不大，同轴度高、常拆卸处	H7/k6 用于导柱、导套与模板定位孔以及一般齿轮、链轮与轴的配合
过盈概率 <65%	m	适用于紧密配合和不常拆卸的配合	H7/m6 用于小型芯、斜导柱与模板定位孔，主流道衬套与模板孔，齿轮、链轮孔与轴的配合

2. 几何公差

常用几何公差符号见表 A-6。平行度、垂直度和倾斜度公差见表 A-7。直线度和平面度公差见表 A-8。圆度和圆柱度公差见表 A-9。同轴度、对称度、圆跳动和全跳动公差见表 A-10。

表 A-6　常用几何公差符号

公差类型	几何特征	符号	有无基准
形状公差	直线度	—	无
	平面度	⏥	无
	圆度	○	无
	圆柱度	⌭	无
	线轮廓度	⌒	无
	面轮廓度	⌓	无
方向公差	平行度	//	有
	垂直度	⊥	有
	倾斜度	∠	有
	线轮廓度	⌒	有
	面轮廓度	⌓	有

（续）

公差类型	几何特征	符号	有无基准
位置公差	位置度	⌖	有或无
	同心度(用于中心点)	◎	有
	同轴度(用于轴线)	◎	有
	对称度	⌯	有
	线轮廓度	⌒	有
	面轮廓度	⌓	有
跳动公差	圆跳动	↗	有
	全跳动	⌰	有

表 A-7 平行度、垂直度和倾斜度公差 （单位：μm）

主参数 L、$d(D)$ 图例

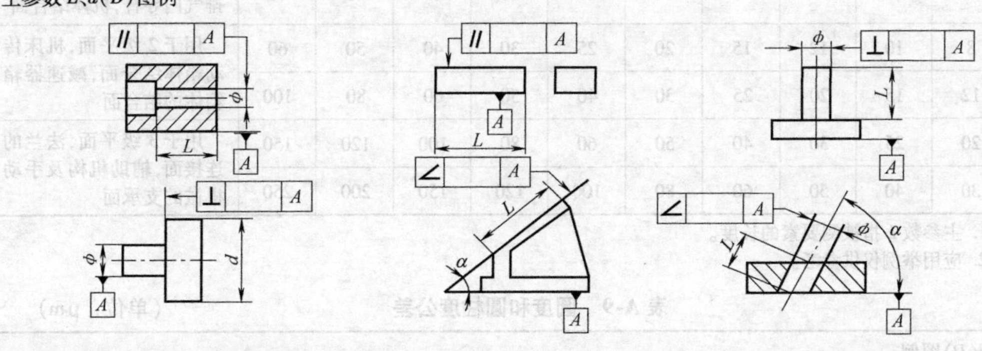

公差等级	主参数 L、$d(D)$/mm										应用举例	
	≤10	>10~16	>16~25	>25~40	>40~63	>63~100	>100~160	>160~250	>250~400	>400~630	平行度	垂直度和倾斜度
4	3	4	5	6	8	10	12	15	20	25	用于Ⅰ精度小型模具的定模座板的上平面对动模板的下平面；用于模板工作面对基准面；用于重要轴承孔对基准面	用于精度Ⅰ模板(厚度≤200mm)导柱孔对基准面
5	5	6	8	10	12	15	20	25	30	40		用于精度Ⅱ模板(厚度≤200mm)导柱孔对基准面
6	8	10	12	15	20	25	30	40	50	60	用于推板工作面与基准面，旋转型腔或型芯的轴孔中心线；用于精度Ⅱ模具(周界>400~900mm)动、定模板之间的两平面	用于精度Ⅲ模板(厚度≤200mm)导柱孔对基准面，模板侧面与侧面基准
7	12	15	20	25	30	40	50	60	80	100		用于低精度主要基准面和工作面
8	20	25	30	40	50	60	80	100	120	150	用于精度Ⅲ模具(周界>400~900mm)动、定模具之间的两平面	用于一般导轨，普通传动箱体中的轴肩
9	30	40	50	60	80	100	120	150	200	250	用于低精度零件、重型机械滚动轴承端盖	用于花键轴肩端面和减速器箱体平面等

注：1. 主参数 L、$d(D)$ 是被测要素的长度或直径。

2. 应用举例仅供参考。

表 A-8 直线度和平面度公差

（单位：μm）

主参数 *L* 图例

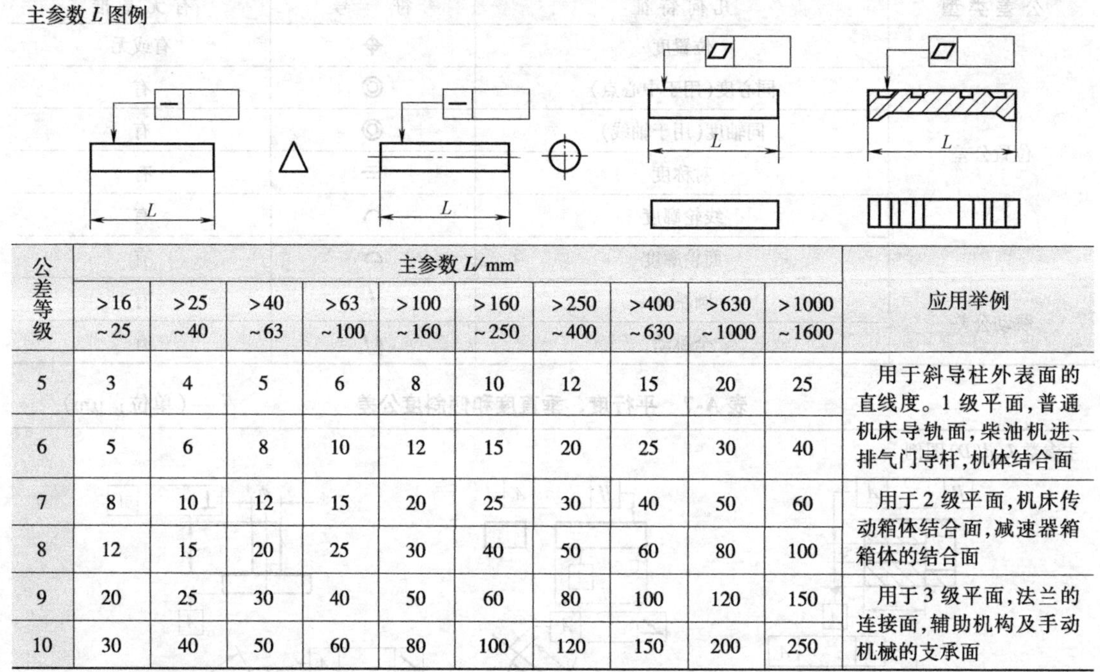

公差等级	主参数 L/mm >16~25	>25~40	>40~63	>63~100	>100~160	>160~250	>250~400	>400~630	>630~1000	>1000~1600	应用举例
5	3	4	5	6	8	10	12	15	20	25	用于斜导柱外表面的直线度。1 级平面，普通机床导轨面，柴油机进、排气门导杆，机体结合面
6	5	6	8	10	12	15	20	25	30	40	
7	8	10	12	15	20	25	30	40	50	60	用于 2 级平面，机床传动箱体结合面，减速器箱箱体的结合面
8	12	15	20	25	30	40	50	60	80	100	
9	20	25	30	40	50	60	80	100	120	150	用于 3 级平面，法兰的连接面，辅助机构及手动机械的支承面
10	30	40	50	60	80	100	120	150	200	250	

注：1. 主参数 *L* 指被测要素的长度。
2. 应用举例仅供参考。

表 A-9 圆度和圆柱度公差

（单位：μm）

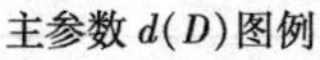
主参数 *d*(*D*) 图例

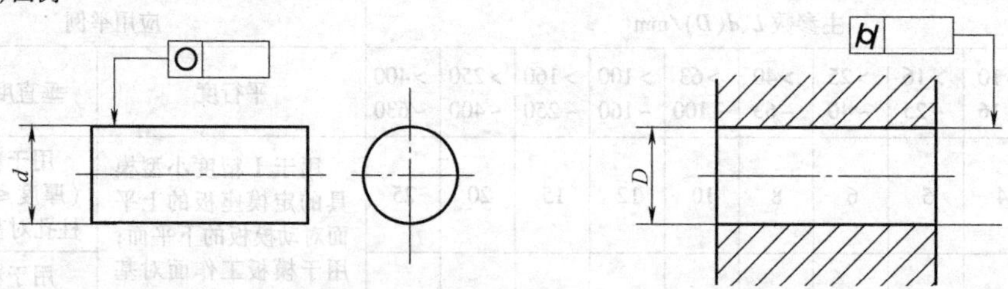

公差等级	主参数 d(D)/mm >6~10	>10~18	>18~30	>30~50	>50~80	>80~120	>120~180	>180~250	>250~315	>315~400	应用举例
5	1.5	2	2.5	2.5	3	4	5	7	8	9	用于装 E、G 级精度滚动轴承的配合面，通用减速器轴颈，一般机床主轴及箱孔
6	2.5	3	4	4	5	6	8	10	12	13	
7	4	5	6	7	8	10	12	14	16	18	用于千斤顶或液压缸活塞，水泵及一般减速器轴颈，液压传动系统的分配机构
8	6	8	9	11	13	15	18	20	23	25	
9	9	11	13	16	19	22	25	29	32	36	用于通用机械杠杆与拉杆同套筒销子，吊车、起重机的滑动轴承轴颈
10	15	18	21	25	30	35	40	46	52	57	

注：1. 主参数 $d(D)$ 为被测轴（孔）的直径。
2. 应用举例仅供参考。

表 A-10 同轴度、对称度、圆跳动和全跳动公差 （单位：μm）

主参数 $d(D)$、B、L 图例

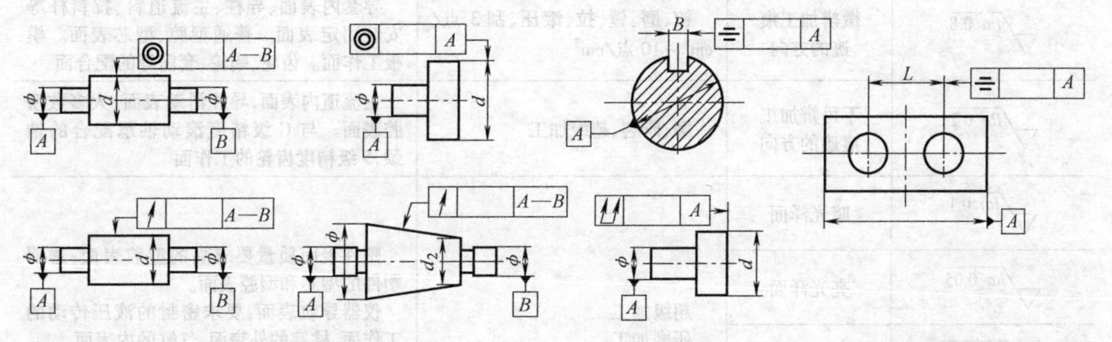

公差等级	主参数 $d(D)$ B、L/mm								应用举例
	>3 ~6	>6 ~10	>10 ~18	>18 ~30	>30 ~50	>50 ~120	>120 ~250	>50 ~500	
5	3	4	5	6	8	10	12	15	用于导柱、导套、圆锥标准定位件同轴度。机床轴颈、高精度滚动轴承外圈、一般精度轴承内圈、6~7级齿轮轴的配合面
6	5	6	8	10	12	15	20	25	
7	8	10	12	15	20	25	30	40	用于圆凸模、齿轮轴、凸轮轴、G级精度滚动轴承内圈、8~9级齿轮轴的配合面
8	12	15	20	25	30	40	50	60	
9	25	30	40	50	60	80	100	120	用于9级精度以下齿轮轴、自行车中轴、摩托车活塞的配合面
10	50	60	80	100	120	150	200	250	

注：1. 主参数 d（D）、B、L 为被测要素的直径、宽度及间距。

2. 应用举例仅供参考。

3. 表面粗糙度

表面粗糙度值 Ra 及应用范围见表 A-11。

表 A-11 表面粗糙度值 *Ra* 及应用范围

粗糙度代号	表面形状、特征	加工方法	应用范围
◇√	除尽毛刺	铸、锻、冲压、热轧、冷轧	用不去除材料的方法获得（铸、锻等），或保持原供应的表面
√Ra 12.5	微见刀痕	粗车、刨、立铣、平铣、钻	毛坯经粗加工后的表面，焊接前的焊缝表面，螺栓和螺钉孔的表面
√Ra 6.3	可见加工痕迹	车、镗、刨、钻、平铣、立铣、锉、粗铰、磨、铣齿	比较精确的粗加工表面，如车端面、倒角，不重要零件的非配合表面
√Ra 3.2	微见加工痕迹	车、镗、刨、铣、刮1点/cm^3 ~2点/cm^3、拉、磨、锉、滚压、铣齿	不重要零件的非接合面、如轴、盖的端面，齿轮及带轮的侧面、平键及键槽的上下面，花键非定心的表面，轴或孔的退刀槽
√Ra 1.6	看不见加工痕迹	车、镗、刨、铣拉、铰 、滚压、铣齿、刮1点/cm^3 ~2点/cm^3	普通零件的接合面，如各模板的侧面或与其他联接但不形成配合的表面，齿轮的非工作面，键与键槽的工作面，轴与垫圈的摩擦面
√Ra 0.8	可辨加工痕迹的方向	车、镗、拉、磨、立铣、铰 、滚压、刮3点/cm^3 ~10点/cm^3	各传动零件、镶件、嵌件推杆的工作面、普通型芯的工作面。普通精度齿轮的齿面，与低精度滚动轴承相配合的箱体孔

（续）

粗糙度代号	表面形状、特征	加工方法	应用范围
$\sqrt{Ra\ 0.8}$	微辨加工痕迹的方向	铰、磨、镗、拉、滚压、刮 3 点/cm³ ~10 点/cm³	导套内表面、导柱、主流道料、拉料杆等安装固定表面。普通型腔、型芯表面。模板工作面。齿轮、蜗轮、套筒等的配合面
$\sqrt{Ra\ 0.2}$	不可辨加工痕迹的方向	磨、研磨、超级加工	主流道内表面，导柱滑动表面，大多数型腔表面。与 C 级精度滚动轴承配合的轴颈，5 级精度齿轮的工作面
$\sqrt{Ra\ 0.1}$	暗光泽面	超级加工 研磨加工	塑件表面质量要求高的型腔表面，透明塑件的型芯和型腔表面。 仪器导轨表面，要求密封的液压传动的工作面，柱塞的外表面，气缸的内表面。 滚动轴承工作面，精密量具表面，极重要零件的摩擦表面
$\sqrt{Ra\ 0.05}$	亮光泽面		
$\sqrt{Ra\ 0.025}$	镜状光泽面		
$\sqrt{Ra\ 0.012}$	雾状镜面		

注：1. 粗糙度代号Ⅰ为新、旧国标转换的第 1 种过渡方式，它是取国标中相应最靠近的下一档的第 1 系列值。如原光洁度（旧国标）为▽5，*Ra* 的最大允许值取 6.3. 在满足表面功能要求的情况下，应尽量选用较大的表面粗糙度数值。

2. 粗糙度代号Ⅱ为新、旧国标转化的第 2 种过渡方式，它是取新国标中相应最靠近的上一档的第 1 系列，如原光洁度▽5，*Ra* 的最大允许值取 3.2. 因此，取该值提高了原表面的粗糙度要求和加工成本。

附录 B 弹簧及聚氨酯弹性体

1. 圆柱压缩弹簧（见表 B-1 和表 B-2）

表 B-1 圆柱螺旋压缩弹簧尺寸系列（摘自 GB 1358—2009） （单位：mm）

	第一系列（优先选用）	第二系列（括号内尺寸只限老产品）
弹簧直径 d	0.1, 0.15, 0.2, 0.25, 0.3, 0.35, 0.4, 0.45, 0.5, 0.6, 0.8, 1, 1.2, 1.6, 2, 2.5, 3, 3.5, 4, 4.5, 5, 6, 8, 10, 12, 16, 20, 25, 30, 35, 40, 45, 50, 60, 70, 80	0.7, 0.9, 1.4, (1.5), 1.8, 2.2, 2.8, 3.2, 3.8, 4.2, 5.5, 7, 9, 14, 18, 22, (27), 28, 32, (36), 38, 42, 55, 65
弹簧中径 D_2	0.4, 0.5, 0.6, 0.7, 0.8, 0.9, 1, 1.2, 1.6, 2, 2.5, 3, 3.5, 4, 4.5, 5, 6, 7, 8, 9, 10, 12, 16, 20, 25, 30, 35, 40, 45, 50, 55, 60, 70, 80, 90, 100, 110, 120, 130, 140, 150, 160, 180, 200, 220, 240, 260, 280, 300, 320, 360, 400	1.4, 1.8, 2.2, 2.8, 3.2, 3.8, 4.2, 4.8, 5.5, 6.5, 7.5, 8.5, 9.5, 14, 18, 22, 28, 32, 38, 42, 48, 52, 58, 65, 75, 85, 95, 105, 115, 125, 135, 145, 170, 190, 210, 230, 250, 270, 290, 340, 380, 450
工作圈数 n	2, 2.25, 2.5, 2.75, 3, 3.25, 3.5, 3.75, 4, 4.25, 4.5, 4.75, 5, 5.5, 6, 6.5, 7, 7.5, 8, 8.5, 9, 9.5, 10, 10.5, 11.5, 12.5, 13.5, 14.5, 15, 16, 18, 20, 22, 25, 28, 30	
自由高度 H_0	4, 5, 6, 7, 8, 9, 10, 12, 14, 16, 18, 20, 22, 25, 28, 30, 32, 35, 38, 40, 42, 45, 48, 50, 52, 55, 58, 60, 65, 70, 75, 80, 85, 90, 95, 100, 105, 110, 115, 120, 130, 140, 150, 160, 170, 180, 190, 200, 220, 240, 260, 280, 300, 320, 340, 360, 380, 400, 420, 450, 480, 500, 520, 550, 580, 600, 620, 650, 680, 700, 720, 750, 780, 800, 850, 900, 950, 1000	

注：压缩弹簧端部形式与高度、总圈数的关系为：

1）端部并紧、磨平，支承圈为 1 圈时，总圈数 $n_1 = n + 2$，$H_0 = nt + 1.5d$。

2）端部并紧、磨平，支承圈为 1/4 圈时，总圈数 $n_1 = n + 2.5$，$H_0 = nt + 2d$，其中 t 为弹簧的节距，见表 B-2。

表 B-2 圆柱螺旋压缩弹簧计算

弹簧直径 d/mm	弹簧中径 D_2/mm	节距 $t \approx$ /mm	最大工作负荷 P_n/N		最大工作负荷下单圈变形 f_n/mm	
			Ⅲ类	Ⅱ类	Ⅲ类	Ⅱ类
1.0	8.0	3.44	42.50	34.00	2.176	1.741
	9.0	3.14	38.49	30.79	2.806	2.245
	10.0	4.94	35.16	28.13	3.516	2.813
	12.0	6.80	29.96	23.97	5.177	4.142
	14.0	9.02	26.10	20.88	7.162	5.729
1.2	8.0	3.07	67.52	54.02	1.667	1.334
	10.0	4.24	56.26	45.01	3.713	2.713
	12.0	5.69	48.16	38.53	4.013	3.211
	14.0	7.44	42.08	33.66	5.568	4.455
	16.0	9.46	37.36	29.89	7.380	5.904
1.4	7.0	2.52	111.60	89.28	0.996	0.797
	8.0	2.91	101.02	80.82	1.346	1.077
	9.0	3.36	92.19	73.75	1.749	1.400
	10.0	3.87	84.73	67.78	2.206	1.764
	12.0	5.07	272.86	58.29	3.277	2.622
	14.0	6.51	63.87	51.10	4.562	3.650
	16.0	8.18	56.84	45.47	6.060	4.848

（续）

弹簧直径 d/mm	弹簧中径 D_2/mm	节距 $t\approx$ /mm	最大工作负荷 P_n/N		最大工作负荷下单圈变形 f_n/mm	
			Ⅲ类	Ⅱ类	Ⅲ类	Ⅱ类
1.6	8.0	2.84	141.92	113.54	1.109	0.887
	9.0	3.22	130.02	101.02	1.446	1.157
	10.0	3.65	119.87	95.90	1.829	1.463
	12.0	4.66	103.55	82.84	2.730	2.184
	14.0	5.87	91.06	72.85	3.813	3.050
	16.0	7.29	81.23	64.88	5.007	4.062
	18.0	8.19	73.29	58.63	6.552	5.218
	20.0	10.73	66.75	53.40	8.148	6.519
1.8	9.0	3.15	174.76	139.81	1.214	0.971
	10.0	3.52	161.62	129.30	1.540	1.232
	12.0	4.39	140.26	112.21	2.309	1.547
	14.0	5.42	123.75	99.00	3.235	2.588
	16.0	6.64	110.65	88.52	4.317	3.454
	18.0	8.02	110.02	80.02	5.557	4.445
	20.0	9.59	91.24	72.99	6.954	5.563
	22.0	11.30	83.87	67.10	8.507	6.806
2.0	10.0	3.51	215.75	172.60	1.348	1.079
	12.0	4.28	188.12	150.50	2.032	1.625
	14.0	8.20	166.52	133.22	2.856	2.285
	16.0	6.28	149.25	119.40	3.821	3.057
	18.0	7.52	135.17	108.14	4.927	3.942
	20.0	8.92	123.49	98.78	6.175	4.940
	22.0	10.50	113.64	90.91	7.563	6.050
	25.0	13.10	101.49	81.19	9.911	7.929
2.5	12.0	4.08	318.25	254.60	1.408	1.126
	14.0	4.73	284.07	227.26	1.995	1.596
	16.0	5.51	265.18	204.94	2.686	2.149
	18.0	6.40	233.11	186.49	3.480	2.784
	20.0	7.40	213.77	171.02	4.378	3.502
	22.0	8.52	197.33	157.86	5.378	4.303
	25.0	10.40	176.84	141.50	7.075	5.660
	28.0	12.60	160.21	128.17	9.003	7.203
	30.0	14.20	150.75	120.59	10.419	8.335
	32.0	15.90	142.31	113.85	11.938	9.550
3.0	14.0	4.77	467.56	374.05	1.584	1.267
	16.0	5.40	424.34	339.47	2.146	1.717
	18.0	6.13	388.00	310.40	2.794	2.235
	20.0	6.95	357.15	285.75	3.527	2.822
	22.0	7.87	330.71	264.57	4.347	3.478
	25.0	9.43	297.51	238.01	5.739	4.591
	28.0	11.20	270.27	216.22	7.325	5.860
	30.0	12.50	254.69	203.75	8.490	6.792
	32.0	13.90	240.79	192.63	9.741	7.793
	35.0	16.20	222.55	178.04	11.780	9.424
	38.0	18.70	206.85	165.48	14.013	11.210
3.5	16.00	5.35	606.56	485.25	1.656	1.324
	18.00	5.39	557.37	445.90	2.166	1.733
	20.00	6.58	515.06	412.95	2.746	2.197
	22.00	7.30	478.43	382.74	3.395	2.716
	25.00	8.54	432.01	345.61	4.498	3.599
	28.00	9.95	393.59	314.87	5.758	4.606
	30.00	10.98	371.50	297.20	6.684	5.347
	32.00	12.10	351.72	281.38	7.680	6.144
	35.00	13.92	325.65	260.52	9.304	7.443

（续）

弹簧直径 d/mm	弹簧中径 D_2/mm	节距 $t\approx$ /mm	最大工作负荷 P_n/N		最大工作负荷下单圈变形 f_n/mm	
			Ⅲ类	Ⅱ类	Ⅲ类	Ⅱ类
4.0	22.00	7.12	670.17	536.14	2.787	2.230
	25.00	8.15	607.43	485.94	3.707	2.966
	28.00	9.33	555.05	444.04	4.760	3.808
	30.00	10.19	524.74	419.79	5.534	4.427
	32.00	11.13	497.50	398.00	6.368	5.094
	35.00	12.65	461.47	369.18	7.729	6.183
	38.00	14.32	430.27	344.18	9.222	7.377
	40.00	15.52	411.62	329.30	10.291	8.232
	45.00	18.80	371.40	297.12	13.220	10.576

注：1. 弹簧按负荷性质分成3类：

1）Ⅰ类为受变负荷作用次数在 10^6 次以上的弹簧。

2）Ⅱ类为受变负荷作用次数在 $10^3\sim10^5$ 次或冲击负荷的弹簧。

3）Ⅲ类为受变负荷作用在 10^3 次以下的弹簧。

2. 如为Ⅰ类负荷，可按 $P_{n\text{Ⅱ}}=P_{n\text{Ⅰ}}/0.6$ 关系换算

3. 节距 t 为近似值，按表B-1注释中公式计算出自由高度后，应近似至 H_0 尺寸系列的推荐值。

2. 聚氨酯弹性体（见表B-3、表B-4和表B-5）

表B-3 聚氨酯弹性尺寸（摘自JB/T 7650.9—1995） （单位：mm）

<table>
<tr><td>D</td><td>16</td><td>20</td><td colspan="2">25</td><td colspan="3">32</td><td colspan="4">45</td><td colspan="5">60</td></tr>
<tr><td>d</td><td>6.5</td><td colspan="3">8.5</td><td colspan="3">10.5</td><td colspan="4">12.5</td><td colspan="5">16.5</td></tr>
<tr><td>H</td><td colspan="2">12</td><td>16</td><td>20</td><td>16</td><td>20</td><td>25</td><td>20</td><td>25</td><td>32</td><td>40</td><td>20</td><td>25</td><td>32</td><td>40</td><td>50</td></tr>
<tr><td>D_1</td><td>21</td><td>26</td><td colspan="2">33</td><td colspan="3">42</td><td colspan="4">58</td><td colspan="5">78</td></tr>
</table>

注：1. D_1 为 $F=0.3H$ 时的参考尺寸。

2. 弹性体的尺寸极限偏差按GB/T 1804—2000《一般公差 未注公差的线性和角度尺寸的公差》的IT5级的精度制造。

表B-4 聚氨酯弹性体压缩量与工作负荷的关系 （单位：N）

工作负荷/N 压缩量 F/mm	聚氨酯弹性体直径 D/mm									
	16	20	25	32	45			60		
0.1H	170	300	450	700	1720	1630	1680	2980	2880	2700
0.2H	400	620	1020	1720	3720	3580	3580	7260	6520	6050
0.3H	690	1080	1840	2940	6520	6200	6000	12710	11730	10800
0.35H	880	1390	2360	3800	8360	7930	7680	16290	15040	13830

注：表中数值按聚氨酯橡胶邵氏硬度（邵氏A）80±5确定，其他硬度聚氨酯橡胶的工作负荷用修正系数修正。修正系数的值见表B-5。

表B-5 工作负荷修正系数

硬度 A	修正系数	硬度 A	修正系数
75	0.843	81	1.035
76	0.873	82	1.074
77	0.903	83	1.116
78	0.934	84	1.212
79	0.966	85	1.270
80	1.000		

附录 C 注射成型机及注射成型工艺参数

1. 注射成型机（见表 C-1、表 C-2 和表 C-3）

表 C-1 常用国产注射机的技术规范

项目 \ 型号		XS-Z-30	XS-Z-60	XS-ZY-125	XS-ZY-250	XS-ZY-500	XS-ZY-1000	XS-ZY-4000
最大理论注射量/cm^3		30	60	125	250	500	1000	4000
螺杆(柱塞)直径/mm		28	38	42	50	65	85	130
注射压力/MPa		119	122	119	130	104	321	106
注射行程/mm		130	170	115	160	200	260	370
注射时间/s		0.7	1.0	1.6	2	2.7	3	6
注射方式		柱塞	柱塞	螺杆式	螺杆式	螺杆式	螺杆式	螺杆式
锁模力/kN		250	500	900	1800	3500	4500	10000
最大成型面积/cm^2		90	130	320	500	1000	1800	3800
模板最大行程/mm		160	180	300	500	500	700	1000
模厚度/mm	最大	180	200	450	350	450	700	1000
	最小	60	70	300	200	300	300	700
拉杆空间/mm		235	190×300	260×290	448×370	540×440	650×650	1050×950
模板尺寸/mm		250×280	330×440	428×450	598×520	700×850	—	—
锁模方式		液压—机械	液压—机械	液压—机械	液压—机械	液压—机械	稳定式	稳定式

（续）

项目 \ 型号			XS-Z-30	XS-Z-60	XS-ZY-125	XS-ZY-250	XS-ZY-500	XS-ZY-1000	XS-ZY-4000
液压泵	流量/(L/min)		50	70,12	100,12	180,12	200,25	200,18,18	50,50
	压力/MPa		6.5	6.5	6.5	6.5	6.5	14	20
电动机功率/kW			5.5	11	10	18.5	22	40,5.5,5.5	17,17
螺杆驱动功率/kW			—	—	4	5.5	7.5	13	30
加热功率/kW			1.75	2.7	5	9.83	14	16.5	37
机器外形尺寸/(m×m×m)			2.34×0.8×1.46	3.61×0.85×1.55	3.34×0.75×1.55	4.7×1.0×1.815	0.5×1.3×2.0	7.67×1.74×2.38	11.5×3.0×4.5
机器质量/kg			900	2000	3500	4500	12000	20000	65000
模具定位孔尺寸/mm			$\phi63.5^{+0.064}_{0}$	$\phi55^{+0.06}_{0}$	$\phi100^{+0.054}_{0}$	$\phi125^{+0.06}_{0}$	$\phi150^{+0.06}_{0}$	$\phi150^{+0.06}_{0}$	$\phi200^{+0.06}_{0}$
喷嘴球径/mm			SR12	SR12	SR12	SR18	SR18	SR18	SR18
喷嘴孔径/mm			$\phi2$	$\phi4$	$\phi4$	$\phi4$	$\phi5$	$\phi7.5$	$\phi7.5$
顶出	中心孔径/mm		—	$\phi150$	—	—	—	—	—
	两侧	孔径/mm	$\phi20$	—	$\phi22$	$\phi40$	$\phi24.5$	$\phi20$	—
		孔距/mm	170	—	230	280	530	85	—

表 C-2 SZ 系列注射机的主要技术参数

	项目	SZ-25/20	SZ-40/25	SZ-60/40	SZ-100/60	SZ-100/80	SZ-160/100	SZ-200/120	SZ-250/100	SZ-300/160	SZ-500/200	SZ-630/200	SZ-1000/300	SZ-2500/500	SZ-4000/800	SZ-6300/1000	SZ-10000/1600
注射装置	螺杆直径/mm	25	30	30	35	35	40	42	45	45	55	60	70	90	110	130	150
	螺杆转速/(r/min)	0~220	0~220	0~200	20~200	0~200	0~220	0~220	76~170	0~180	0~180	0~150	0~150	0~120	0~80	0~80	0~80
	理论注射容量/cm^3	25	40	60	100	100	160	200	250	300	500	630	1000	2500	4000	6300	10000
	注射压力/MPa	200	200	180	150	170	150	150	150	150	150	147	150	150	150	140	140
	注射速率/(g/s)	35	50	70	85	95	105	120	135	145	173	245	325	570	770	1070	1130
	塑化能力/(kg/h)	13	20	35	40	40	45	70	75	82	110	130	180	245	325	430	535
锁模装置	锁模力/kN	200	250	400	600	800	100	120	120	160	200	220	300	500	800	1000	1600
	拉杆间距($H\times V$)/(mm×mm)	242×187	250×250	220×300	320×320	320×320	345×345	355×385	400×400	450×450	570×570	540×440	760×700	900×830	1120×1200	1100×1180	1300×1300
	模板行程/mm	210	230	250	300	305	325	305	320	380	500	500	650	850	1200	1200	1500
	模具最小厚度/mm	110	130	150	170	170	200	230	220	250	280	200	340	400	600	600	75
	模具最大厚度/mm	220	220	250	300	300	300	400	380	450	500	500	650	750	1100	1100	1500
	定位孔直径/mm	55	55	80	125	100	100	125	110	160	160	160	250	250	250	250	2500
	定位孔深度/mm	10	10	10	10	10	10	15	15	20	25	30	40	50	50	50	50
	喷嘴伸出量/mm	20	20	20	20	20	20	20	20	20	30	30	30	50	50	50	50
	喷嘴球半径/mm	10	10	10	10	10	15	15	15	20	20	15	20	35	35	35	35
	顶出行程/mm	55	55	70	80	80	100	90	90	90	90	128	140	165	200	300	360
	顶出力/kN	6.7	6.7	12	15	15	15	22	28	33	53	60	70	110	280	280	300
电气	液压泵电机功率/kW	7.5	7.5	11	11	11	15	15	18.5	18.5	22	30	37	40	110	135	151
	加热功率/kW	26	4.5	4.7	6	6	7.25	8.25	6.72	9.25	15.55	15	24.5	28.1	40.4	40.4	80
其他	机器质量/t	2.7	2.7	3	2.8	3.5	4	4.3	5	6	8	9	15	29	65	70	78
	外形尺寸($L\times W\times H$)/(m×m×m)	2.1×1.2×1.4	2.5×1.3×1.4	4.0×1.4×1.5	3.9×1.3×1.8	4.2×1.5×1.7	4.4×1.5×1.8	4.0×1.4×1.9	5.1×1.3×1.8	4.6×1.7×2.0	5.6×1.9×2.0	6.0×1.5×2.2	6.7×1.9×2.3	1×2.7×2.8	12×2.8×3.8	12×2.8×3.8	12.6×4.05×3.9

表 C-3 JPH、AT 系列注射机的主要技术参数

项目		JPH50			JPH80			JPH120			JPH150			JPH180			JPH250			JPH330		
注射装置	螺杆型号	A	B	C	A	B	C	A	B	C	A	B	C	A	B	C	A	B	C	A	B	C
注射装置	螺杆直径/mm	28	33	36	31	36	42	38	42.5	45	40	45	50	45	50	55	60	67	75	65	75	83
注射装置	螺杆转速/(r/min)	21	19	18	20.5	19	16	20	18	17	22.5	20	18	20	19	17	21	19	17	21	19	17
注射装置	理论注射容积/cm³	73	102	122	107	127	173	155	200	220	200	254	310	315	388	470	672	839	1050	926	1157	1433
注射装置	理论注射容量 g	67	94	113	98	115	155	145	185	202	186	232	285	288	356	428	598	740	936	825	1030	1275
注射装置	理论注射容量 oz	2.2	3.3	4	3.5	4	5.4	5	6.5	7	6.5	8	10	10	12.5	15	21	26	33	29	36	45
注射装置	注射压力/MPa	214	154	130	214	154	110	200	165	153	194	153	124	205	166	138	196	164	137	195	155	130
注射装置	注射速率/(g/s)	58	80	95	98	105	125	72	92	102	90	115	140	106	131	160	138	164	195	240	300	367
注射装置	塑化能力/(kg/h)	24	28	35	30	38	47	38	43	55	40	55	65	59	68	80	83	95	111	124	158	218
注射装置	螺杆最大转速/(r/min)	185			150			150			150			150			140			140		
锁模装置	锁模形式	全液压式																				
锁模装置	锁模力/kN	500			800			1200			1500			1800			2500			3300		
锁模装置	拉杆间距(H×V)/(mm×mm)	295×295			360×310			410×360			410×410			460×460			560×510			710×510		
锁模装置	模板行程/mm	380			540			540			620			700			830			920		
锁模装置	最大开距/mm	530			700			700			800			900			1050			1200		
锁模装置	最小模厚/mm	150			160			160			180			200			220			280		
锁模装置	定位孔直径/mm	100			100			125			125			125			150			150		
锁模装置	定位孔深度/mm	25			25			35			35			35			40			40		
锁模装置	喷嘴伸出量/mm	25			25			35			35			35			40			40		
锁模装置	喷嘴球半径/mm	10			10			10			10			10			15			15		
锁模装置	油压顶出力/kN	25			41			41			41			41			47.5			54		
锁模装置	顶出行程/mm	60			80			80			80			80			100			120		
电气	液压泵电机功率/kW	11			11			15			15			18.5			22.5			37.5		
电气	加热功率/kW	4.5			5.8			6.5			7.45			10			16			20		
其他	油箱容量/L	180			180			210			210			300			400			600		
其他	机器质量/t	2.6			3.8			4.0			4.6			5.5			8.0			14.0		
其他	外形尺寸(L×W×H)/(m×m×m)	3.03×1.0×1.6			3.1×1.1×1.7			3.8×1.2×1.7			4.11×1.2×1.7			4.55×1.2×1.8			5.6×1.4×1.9			6.3×1.5×1.9		

2. 热塑性塑料注射成型的工艺参数（见表 C-4）

表 C-4 常用热塑性塑料注射成型的工艺参数

塑料成型		硬聚氯乙烯	低压聚乙烯	聚丙烯		ABS		聚苯乙烯		聚甲醛（共聚）	氯化聚氯乙烯
				纯	20%～40%玻璃纤维增强	通用级	20%～40%玻璃纤维增强	纯	20%～40%玻璃纤维增强		
注射机类型		螺杆式	柱塞式	螺杆式		螺杆式		柱塞式		螺杆式	螺杆式
预热和干燥	温度 t/℃ 时间 τ/h	70～90 4～6	70～80 1～2	80～100 1～2		80～85 2～3		60～75 5		80～100 3～5	100～105 1.0
料筒温度 t/℃	后段 中段 前段	160～170 165～180 170～190	140～160 170～200	160～180 180～200 200～220	成型温度 230～290	150～170 165～180 180～200	成型温度 260～290	140～160 170～190	成型温度 260～280	160～170 170～180 180～190	170～180 185～200 210～240
喷嘴温度 t/℃						170～180				170～180	180～190
模具温度 t/℃		30～60	60～70（高密度） 35～55（低密度）	80～90		50～80	75	32～65		90～120	80～110
注射压力 p/MPa		80～130	60～100	70～100	70～140	60～100	106～281	60～110	56～160	80～130	80～120
成型时间 τ/s	注射时间 高压时间 冷却时间 总周期	15～60 0～5 15～60 40～130	15～60 0～3 15～60 40～140	20～60 0～3 20～90 50～160		20～90 0～5 20～120 50～220		15～45 0～3 15～60 40～120		20～90 0～5 20～60 50～160	15～60 0～5 20～60 40～120
螺杆转速 n/(r/min)		28		48		30		48		28	28
后处理	方法 温度 t/℃ 时间 τ/h					红外线灯、烘箱 70 2～4		红外线灯、烘箱 70 2～4		红外线灯、烘箱 140～150 4	
说明						AS 的成型条件与上相似		丁苯橡胶改性的聚苯乙烯的成型条件与上相似		均聚的成型条件与上相似	

（续）

塑料成型		聚碳酸酯		聚砜	聚芳砜	聚苯醚	氟塑料		醋酸纤维素	聚酰亚胺	改性聚甲基丙烯酸甲酯(372)
		纯	30%玻璃纤维增强				聚三氟氯乙烯	聚全氟乙丙烯			
注射机类型		螺杆式		螺杆式	螺杆式	螺杆式	螺杆式	螺杆式	柱塞式	螺杆式	柱塞式
预热和干燥	温度 t/℃ 时间 τ/h	110～120 8～12		120～140 >4	200 6～8	130 4			70～75 4	130 4	70～80 4
料筒温度 t/℃	后段 中段 前段	210～240 230～280 240～285	成型温度 210～310	250～270 280～300 310～330	310～370 345～385 385～420	230～240 250～280 260～290	200～210 285～290 275～280	165～190 270～290 310～330	150～170 170～190	240～270 260～290 260～315	160～180
喷嘴温度 t/℃		240～250		290～310	380～410	250～280	265～270	300～310		290～300	210～240
模具温度 t/℃		90～110	90～110	130～150	230～260	110～150	110～130	110～130	20～80	130～150	40～60
注射压力 p/MPa		80～130	80～130	80～200	150～200	80～220	80～130	80～130	60～130	80～200	80～130
成型时间 τ/s	注射时间 高压时间 冷却时间 总周期	20～90 0～5 20～90 40～190		30～90 0～5 30～60 60～160	15～20 0～5 10～20	30～90 0～5 30～60 70～160	20～60 0～3 20～60 50～130	20～60 0～3 20～60 50～130	15～45 0～3 15～45 40～100	30～60 0～5 20～90 60～160	20～60 0～5 20～90 50～150
螺杆转速 n/(r/min)		28		28		28	30	30		28	
后处理	方法	红外线灯、鼓风烘箱		红外线灯、鼓风烘箱 甘油		红外线灯、甘油				红外线灯、鼓风烘箱	红外线灯、鼓风烘箱
	温度 t/℃ 时间 τ/h			110～130 4～8		130 1～4				150 4	70 4
说明						无增塑剂类					

（续）

塑料成型		聚酰胺								
		尼龙 1010	35%玻璃纤维增强尼龙 1010	尼龙 6	35%玻璃纤维增强尼龙 6	尼龙 66	20%～40%玻璃纤维增强尼龙 66	尼龙 610	尼龙 8	尼龙 11
注射机类型		螺杆式		螺杆式		螺杆式		螺杆式	螺杆式	螺杆式
预热和干燥	温度 t/℃ 时间 τ/h	100～110 12～16		100～110 12～16		100～110 12～16		100～110 12～16	100～110 12～16	100～110 12～16
料筒温度 t/℃	后段 中段 前段	190～210 200～220 210～230	成型温度 190～250	220～300	成型温度 227～316	245～350	成型温度 230～280	220～300	220～300	180～250
喷嘴温度 t/℃		200～210								
模具温度 t/℃		40～80			70		110～120			
注射压力 p/MPa		40～100	80～100	70～120	70～176	70～120	80～130	70～120	70～120	70～120
成型时间 τ/s	注射时间 高压时间 冷却时间 总周期	20～90 0～5 20～120 45～220								
螺杆转速 n/(r/min)										
后处理	方法 温度 t/℃ 时间 τ/h	油、水、盐水， 90～100， 4								

注：1. 预热和干燥均采用鼓风烘箱。

2. 凡潮湿环境使用的塑件，应进行调湿处理，在 100～120℃水中加热 2～8h。

1）聚酰胺塑料在注射加工之前要进行预热、干燥除湿，因为聚酰胺容易吸收水分。含水分多时，注射成型的塑件容易产生皮下气泡和表面银丝等缺陷，为保证质量，要进行烘干。

2）聚酰胺（尼龙）塑件脱模后，在高温下接触空气容易氧化变色。另外这类塑件在空气中存放或使用过程中容易吸水而膨胀，尺寸需经过较长的时间才能稳定下来。将脱模后的塑件立即放到热水中，不仅可以隔绝空气防止氧化、消除内应力，而且还可以加速达到吸湿平衡，稳定塑件尺寸。

附录 D　塑料模具常用材料

1. 模具常用材料（见表 D-1、表 D-2、表 D-3 和表 D-4）

表 D-1　塑料模零件常用材料及热处理

零件类别	零件名称	材料牌号	热处理方法	硬度	说明
成型零件	型腔（凹模）、型芯（凸模）、螺纹型芯、螺纹型环、成型镶件、成型推杆	45	调质	216~260HB	用于形状简单、要求不高的型腔和型芯
			淬火	43~48HRC	
		T8A、T10A	淬火	54~58HRC	用于形状简单的小型芯或型腔
		CrWMn、9Mn2V	淬火	54~58HRC	用于形状复杂、要求热处理变形小的型腔、型芯或镶件
		4Cr5MoSiV、40Cr			
		20CrMnMo、20CrMnTi	渗碳、淬火		
		5CrMnMo、40CrMnMo	渗碳、淬火	54~58HRC	用于高耐磨、高强度和高韧性的大型型芯、型腔等
		3Cr2W8V、38CrMoAl	调质、氮化	1000HV	用于形状复杂、要求耐腐蚀的高精度型腔、型芯等
		3Cr2Mo		预硬状态 35~45HRC	用于不进行热处理的型腔、型芯等
		20、15	渗碳、淬火	54~58HRC	用于冷压加工的压腔
模板零件	垫板（支承板）、浇口板、锥模套	45	淬火	43~48HRC	
	动、定模板动、定模座板、脱浇板	45	调质	230~270HB	
	固定板	45	调质	230~270HB	
		Q235A			
	推件板	T8A、T10A	淬火	54~58HRC	
		45	调质	230~270HB	
浇注系统零件	浇口套、拉料杆、拉料套、分流锥	T8A、T10A	淬火	50~55HRC	
导向零件	导柱	T8A、T10A	淬火	50~55HRC	
		20	渗碳、淬火	56~60HRC	
	导套	T8A、T10A	淬火	50~55HRC	
	限位导柱、推板导柱、推板导套、导钉	T8A、T10A	淬火	50~55HRC	

（续）

零件类别	零件名称	材料牌号	热处理方法	硬度	说明
抽芯机构零件	斜销、滑块、斜滑块	T8A、T10A	淬火	50~55HRC	
	楔紧块	T8A、T10A	淬火	54~58HRC	
		45		43~48HRC	
推出机构零件	推杆(卸模杆)、推管	T8A、T10A	淬火	54~58HRC	
	推块、复位杆	45	淬火	43~48HRC	
	推板	45	淬火	43~48HRC	或不淬火
	推杆固定块、卸模杆固定块	45、Q235A			
定位零件	圆锥定位件	T10A	淬火	58~62HRC	
	定位圈	45			
	定距螺钉、限位钉、限位块	45	淬火	43~48HRC	
支承零件	支承柱	45	淬火	43~48HRC	
	垫块	45、Q235A			
其他零件	加料圈压柱	T8A、T10A			
	手柄、套筒	Q235A			
	喷嘴、水嘴	45、黄铜			
	吊钩	45			

注：螺纹型芯的热处理硬度也可取40~50HRC。

表 D-2　模具常用钢的性能比较

钢号	切削加工性	渗透性	淬火不变形性	耐磨性	耐热性	耐蚀性
Q235A	优			差	差	
15	冷压加工性优	差	差	良	差	
20	冷压加工性优	中	中	良	差	
45	优	差	差	中	差	
T8A	优	差	差	中	差	
T10A	良	差	差	良	差	
CrWMn	中	良	良	良	中	
9Mn2V	中	良	优	良	差	
4Cr5MoSiV	良	优	优	优	良	
40Cr	良	优	优	优	良	
20CrMnMo	良	良	良	良	中	
20CrMnTi	良	中	良	良	中	
5CrMnMo	中	良	良	良	良	
40CrMnMo	良	良	良	良	中	
3Cr2W8V	良	中	中	良	优	良
38CrMoAl	良	中	中	优	中	良

表 D-3 模具寿命与适用钢种

塑料与塑件	型腔注塑次数	适用钢种
PP、HDPE 等一般塑料	10 万次左右	50、55 正火
	20 万次左右	50、55 调质
	30 万次左右	P20
	50 万次左右	SM1、5NiSCa
工程塑料	10 万次左右	P20
精密塑料	20 万次左右	PMS、SM1、5NiSCa
玻璃纤维增强塑料	10 万次左右	PMS、SM2
	20 万次左右	25CrNi3MoAl、H13
PC、PMMA、PS 透明塑料		PMS、SM2
PVC 和阻燃塑料		PCR

表 D-4 部分塑料模新材料的主要性能及用途

国别	牌号	主要性能	用途
中国	8Cr2MnMoVS 4Cr5MoSiVS	预硬化钢，在预硬化硬度为 43～45HRC 的状态下能顺利地进行切削加工，加工性能和镜面研磨性能好	适用于有镜面要求的精密塑料模成型零件
	25CrNi3MoA	时效硬化钢，经调质处理至 30HRC 左右进行加工，然后经 520℃ 时效处理 10h，硬度即可上升到 40HRC 以上。加工性能和镜面研磨性能好	适用于有镜面要求的精密塑料模成型零件
	SM1 SM2	在预硬化硬度为 35～42HRC 的状态下能顺利地进行切削加工，抛光性能极佳，表面粗糙度值 ≤ *Ra*0.05μm，具有一定的抗腐蚀能力，模具寿命可达 120 万模次	适用于热塑性塑料和热固性塑料模的成型零件
	PMS	具有优良的镜面加工性能，加工表面粗糙度值 ≤ *Ra*0.05μm，具有良好的冷热加工性能和良好的图案蚀刻性能，热处理工艺简单，变形小	适用于使用温度 ≤ 300℃，硬度 ≤ 45HRC，有镜面和蚀刻性能要求的热塑性塑料精密模具或部分增强工程塑料模具的成型零件
	PCR	具有良好的耐腐蚀性能和较高的强度，具有较好的表面抛光性能和较好的焊接修补性能，热处理工艺简单，淬透性好，热处理变形小	适用于温度 ≤ 400℃，硬度为 37～42HRC 的含氟、氯等腐蚀性元素的塑料模具和各类塑料中添加阻燃剂的模具成型零件
美国	P20	在预硬化硬度为 30～36HRC 的状态下能顺利地进行成型切削加工，可在机械加工后进行渗碳淬火处理	适用于大型及复杂模具的成型零件
	P21	在预硬化硬度为 30～36HRC 的状态下能顺利地进行成型切削加工，在机械加工后，经低温时效处理硬度可达 38～40HRC	

（续）

国别	牌号	主要性能	用途
日本	HPM1 NAK80	在预硬化硬度 38～42HRC 的状态下，具有良好的切削加工性能、镜面加工性能、蚀刻加工性能、焊接性能和放电加工性能	适用于模具不进行热处理，塑件要求镜面的批量生产模具的成型零件
	NAK50	在预硬化硬度为 38～42HRC 的状态下，具有良好的切削加工性能、镜面加工性能、蚀刻加工性能、焊接性能和放电加工性能，还有优良的耐磨性	适用于热塑性、热固性和增强塑料的精密长寿命模具成型零件
	HPM2	在预硬化硬度为 30～34HRC 的状态下，具有良好的切削加工性能、镜面加工性能、蚀刻加工性能、焊接性能和放电加工性能	适用于汽车及家用电器模具成型零件
	HPM17		适用于高透明度模具的成型零件
	HPM31	具有良好的镜面加工性能、蚀刻加工性能、耐腐蚀性能和放电加工性能，HPM38 还具有良好的切削加工性能和焊接性能	适用于 55～50HRC 的精密模具零件
	HPM38		适用于 55～50HRC 的精密模具零件
	PAK90	具有优良的切削加工性能、镜面加工性能、耐腐蚀性能、耐磨性能和尺寸稳定性，淬火硬度为 50～55HRC	适用于齿轮和透明罩等要求镜面和耐腐蚀的精密模具成型零件

2. 塑件尺寸精度和表面粗糙度

塑件的尺寸公差可依据 GB/T 14486—2008《工程塑料模塑塑料件尺寸公差》确定，见表 D-5。该标准将塑件分成 7 个公差等级，表 D-5 中 MT1 级精度要求较高，一般不采用。表中只列出了公差值，公称尺寸的上、下极限偏差可根据工程的实际需要分配。表 D-5 还分别给出了受模具活动部分影响的尺寸公差值和不受模具活动部分影响的尺寸公差值。在塑件材料和工艺条件一定的情况下，应参照表 D-6 合理地选用精度等级。

表 D-5　模塑件尺寸公差值（摘自 GB/T 14486—2008）　　（单位：mm）

公差等级	公差种类	基本尺寸												
		0～3	3～6	6～10	10～14	14～18	18～24	24～30	30～40	40～50	50～65	65～80	80～100	100～120
标注公差的尺寸公差值														
MT1	A	0.07	0.08	0.09	0.10	0.11	0.12	0.14	0.16	0.18	0.20	0.23	0.26	0.29
	B	0.14	0.16	0.18	0.20	0.21	0.22	0.24	0.26	0.28	0.30	0.33	0.36	0.39
MT2	A	0.10	0.12	0.14	0.16	0.18	0.20	0.22	0.24	0.26	0.30	0.34	0.38	0.42
	B	0.20	0.22	0.24	0.26	0.28	0.30	0.32	0.34	0.36	0.40	0.44	0.48	0.52
MT3	A	0.12	0.14	0.16	0.18	0.20	0.24	0.28	0.32	0.36	0.40	0.46	0.52	0.58
	B	0.32	0.34	0.36	0.38	0.40	0.44	0.48	0.52	0.56	0.60	0.66	0.72	0.78
MT4	A	0.16	0.18	0.20	0.24	0.28	0.32	0.36	0.42	0.48	0.56	0.64	0.72	0.82
	B	0.36	0.38	0.40	0.44	0.48	0.52	0.56	0.62	0.68	0.76	0.84	0.92	1.02
MT5	A	0.20	0.24	0.28	0.32	0.38	0.44	0.50	0.56	0.64	0.74	0.86	1.00	1.14
	B	0.40	0.44	0.48	0.52	0.58	0.64	0.70	0.76	0.84	0.94	1.06	1.20	1.34

（续）

公差等级	公差种类	基本尺寸												
		0~3	3~6	6~10	10~14	14~18	18~24	24~30	30~40	40~50	50~65	65~80	80~100	100~120
MT6	A	0.26	0.32	0.38	0.46	0.54	0.62	0.70	0.80	0.94	1.10	1.28	1.48	1.72
	B	0.46	0.52	0.58	0.68	0.74	0.82	0.90	1.00	1.14	1.30	1.48	1.68	1.92
MT7	A	0.38	0.48	0.58	0.68	0.78	0.88	1.00	1.14	1.32	1.54	1.80	2.10	2.40
	B	0.58	0.68	0.78	0.88	0.98	1.08	1.20	1.34	1.52	1.74	2.00	2.30	2.60
未注公差的尺寸允许偏差														
MT5	A	±0.10	±0.12	±0.14	±0.16	±0.19	±0.22	±0.25	±0.28	±0.32	±0.37	±0.43	±0.50	±0.57
	B	±0.20	±0.22	±0.24	±0.26	±0.29	±0.32	±0.35	±0.38	±0.42	±0.47	±0.53	±0.60	±0.67
MT6	A	±0.13	±0.16	±0.19	±0.23	±0.27	±0.31	±0.35	±0.40	±0.47	±0.55	±0.64	±0.74	±0.86
	B	±0.23	±0.26	±0.29	±0.33	±0.37	±0.41	±0.45	±0.50	±0.57	±0.65	±0.74	±0.84	±0.96
MT7	A	±0.19	±0.24	±0.29	±0.34	±0.39	±0.44	±0.50	±0.57	±0.66	±0.77	±0.90	±1.05	±1.20
	B	±0.29	±0.34	±0.39	±0.44	±0.49	±0.54	±0.60	±0.67	±0.76	±0.87	±1.00	±1.15	±1.30

公差等级	公差种类	基本尺寸											
		120~140	140~160	160~180	180~200	200~250	225~250	250~280	280~315	315~355	355~400	400~450	450~500
标注公差的尺寸公差值													
MT1	A	0.32	0.36	0.40	0.44	0.48	0.52	0.56	0.60	0.64	0.70	0.78	0.86
	B	0.42	0.46	0.50	0.54	0.58	0.62	0.66	0.70	0.74	0.80	0.88	0.96
MT2	A	0.46	0.50	0.54	0.60	0.66	0.72	0.76	0.84	0.92	1.00	1.10	1.20
	B	0.56	0.60	0.64	0.70	0.76	0.82	0.86	0.94	1.02	1.10	1.20	1.30
MT3	A	0.64	0.70	0.78	0.86	0.92	1.00	1.10	1.20	1.30	1.44	1.60	1.74
	B	0.84	0.90	0.98	1.06	1.12	1.20	1.30	1.40	1.50	1.64	1.80	1.94
MT4	A	0.92	1.02	1.12	1.24	1.36	1.48	1.62	1.80	2.00	2.20	2.40	2.60
	B	1.12	1.22	1.32	1.44	1.56	1.68	1.82	2.00	2.20	2.40	2.60	2.80
MT5	A	1.28	1.44	1.60	1.76	1.92	2.10	2.30	2.50	2.80	3.10	3.50	3.90
	B	1.48	1.64	1.80	1.96	2.12	2.30	2.50	2.70	3.00	3.30	3.70	4.10
MT6	A	2.00	2.20	2.40	2.60	2.90	3.20	3.50	3.80	4.30	4.70	5.30	6.00
	B	2.20	2.40	2.60	2.80	3.10	3.40	3.70	4.00	4.50	4.90	5.50	6.20
MT7	A	2.70	3.00	3.30	3.70	4.10	4.50	4.90	5.40	6.00	6.70	7.40	8.20
	B	3.10	3.20	3.50	3.90	4.30	4.70	5.10	5.60	6.20	6.90	7.60	8.40
未注公差的尺寸允许偏差													
MT5	A	±0.64	±0.72	±0.80	±0.88	±0.96	±1.05	±1.15	±1.25	±1.40	±1.55	±1.75	±1.95
	B	±0.74	±0.82	±0.90	±0.98	±1.06	±1.15	±1.25	±1.35	±1.50	±1.65	±1.85	±2.05
MT6	A	±1.00	±1.10	±1.20	±1.30	±1.45	±1.60	±1.75	±1.90	±2.15	±2.35	±2.65	±3.00
	B	±1.10	±1.20	±1.30	±1.40	±1.55	±1.70	±1.85	±2.00	±2.25	±2.45	±2.75	±3.10
MT7	A	±1.35	±1.50	±1.65	±1.85	±2.05	±2.25	±2.45	±2.70	±3.00	±3.35	±3.70	±4.10
	B	±1.45	±1.60	±1.75	±1.95	±2.15	±2.35	±2.55	±2.80	±3.10	±3.45	±3.80	±4.20

表 D-6 常用材料模塑件尺寸公差等级的选用（摘自 GB/T 14486—2008）

材料代号	模塑材料		公差等级		
			标注公差尺寸		未注公差尺寸
			高精度	一般精度	
ABS	(丙烯腈-丁二烯-苯乙烯)共聚物		MT2	MT3	MT5
CA	乙酸纤维素		MT3	MT4	MT6
EP	环氧树脂		MT2	MT5	MT5
PA	聚酰胺	无填料填充	MT3	MT4	MT6
		30%玻璃纤维填充	MT2	MT3	MT6
PBT	聚对苯二甲酸丁二酯	无填料填充	MT3	MT4	MT6
		30%玻璃纤维填充	MT2	MT3	MT5
PC	聚碳酸酯		MT2	MT3	MT5
PDAP	聚邻苯二甲酸二烯丙酯		MT2	MT3	MT5
PEEK	聚醚醚酮		MT2	MT3	MT5
PE-HD	高密度聚乙烯		MT4	MT5	MT7
PE-LD	低密度聚乙烯		MT5	MT6	MT7
PESU	聚醚砜		MT2	MT3	MT5
PET	聚对苯二甲酸乙二酯	无填料填充	MT3	MT4	MT6
		30%玻璃纤维填充	MT2	MT3	MT5
PF	苯酚-甲醛树脂	无机填料填充	MT2	MT3	MT6
		有机填料填充	MT3	MT4	MT6
PMMA	聚甲基丙烯酸甲酯		MT2	MT3	MT6
POM	聚甲醛	≤150mm	MT3	MT4	MT6
		>150mm	MT4	MT6	MT7
PP	聚丙烯	无填料填充	MT4	MT5	MT7
		30%无机填料填充	MT2	MT3	MT6
PPE	聚苯醚聚亚苯		MT2	MT3	MT5
PPS	聚苯硫		MT2	MT3	MT5
PS	聚苯乙烯		MT2	MT3	MT6
PSC	聚砜		MT2	MT3	MT3
PUR-P	热塑性苯氨酯		MT4	MT5	MT7
PVC-P	软质聚氯乙烯		MT5	MT5	MT7
PVC-U	未增塑聚氯乙烯		MT2	MT3	MT5
SAN	(丙烯腈-苯乙烯)共聚物		MT2	MT3	MT5
UF		无机填料填充	MT2	MT3	MT3
		有机填料填充	MT3	MT4	MT6
UP	不饱和聚酯	30%玻璃纤维填充	MT2	MT3	MT5

塑件的表面粗糙度值可参照 GB/T 14234—1993《塑料件表面粗糙度标准》选取，见表 D-7 一般取 *Ra* 1.6～0.2μm。塑件的外观要求越高，表面粗糙度值应越低。除了在成型时从工艺上尽可能避免冷疤、云纹等缺陷来保证外，主要取决于模具型腔的表面粗糙度。一般模具表面粗糙度值要比塑件的要求低 1～2 级。模具在使用过程中，由于型腔磨损而使表面粗糙度不断增大，所以应随时对其抛光复原。透明塑件要求型腔和型芯的表面粗糙度相同，而不透明塑件则应根据使用情况决定其表面粗糙度。常用塑料和树脂缩写代号见表 D-8，常用塑料的性能与用途见表 D-9，常用热塑性塑料的主要技术指标见表 D-10。

表 D-7 注射成型不同材料所能达到的表面粗糙度（GB/T 14234—1993）

材料		*Ra* 参数值范围/μm										
		0.025	0.05	0.10	0.20	0.4	0.8	1.6	3.2	6.3	12.5	25
热塑性塑料	聚甲基丙乙酸甲酯	—	—	—	—	—	—	—				
	(丙烯腈-苯乙烯-丁二烯)共聚物	—	—	—	—	—	—	—				
	丙烯腈-苯乙烯-丙烯酸共聚物	—	—	—	—	—	—	—				
	聚碳酸酯		—	—	—	—	—	—				
	聚苯乙烯		—	—	—	—	—	—	—			
	聚丙烯				—	—	—	—				
	尼龙					—	—	—				
	聚乙烯			—	—	—	—	—	—	—		
	聚甲醛		—	—	—	—	—	—	—			
	聚砜				—	—	—	—	—			
	聚氯乙烯				—	—	—	—	—			
	聚苯醚				—	—	—	—				
	氯化聚醚				—	—	—	—	—			
	聚对苯二甲酸丁二酯				—	—	—	—	—			
热固性塑料	氨基塑料				—	—	—	—	—			
	酚醛塑料					—	—	—	—			
	硅酮(聚硅氧烷)塑料				—	—	—	—	—			

3. 成型常用材料

表 D-8 常用塑料和树脂缩写代号（摘录）

塑料种类	缩写代号	塑料或树脂全称	
		英文	中文
热塑性塑料	ABS	Acrylonitrile-butadiene-styrene copoly	苯烯腈-丁二烯-苯乙烯共聚物
	AS	Acrylonitrile-styrene copolymer	丙烯腈-苯乙烯共聚物
	ASA	Acrylonitrile-styrene-acrylate copolymer	丙烯腈-苯乙烯-丙烯酸共聚物
	CA	Cellulose acetate	乙酸纤维素(醋酸纤维素)
	CN	Cellulose nitrate	硝酸纤维素
	EC	Ethyl cellulose	乙基纤维素

（续）

塑料种类	缩写代号	塑料或树脂全称	
		英文	中文
热塑性塑料	FEP	Fluorinated ethylene-propylene copolymer	全氟(乙烯-丙烯)共聚物(聚全氟乙丙烯)
	GRP	Glass fibre reinforced plastics	玻璃纤维增强塑料
	HDPE	High density polyethylene	高密度聚乙烯
	HIPS	High impact polystyrene	高冲击强度聚苯乙烯
	LDPE	Low density polyethylene	低密度聚乙烯
	MDPE	Middle density polyethylene	中密度聚乙烯
	PA	Poly amide	聚酰胺(尼龙)
	PC	Poly carbonate	聚碳酸酯
	PAN	Poly acrylo nitrile	聚丙烯腈
	PCTEE	poly chloro trifluoro ethylene	聚三氟氯乙烯
	PE	poly ethylene	聚乙烯
	PEC	Chlorinated polyethylene	氯化聚乙烯
	PMMA	Poly(methyl methacrylate)	聚甲基丙烯酸甲酯(有机玻璃)
	POM	Poly formaldehyde(polyo xymethylene)	聚甲醛
	PP	poly propylene	聚丙烯
	PPC	Chlorinated polypropylene	氯化聚丙烯
	PPO	Poly(phenylene oxide)	聚苯醚(聚2,6-二甲基苯醚)
	PS	poly styrene	聚苯乙烯
	PSF	poly sulfone	聚砜
	PTFE	poly tetrafluoro ethylene	聚四氟乙烯
	PVC	Poly(vinyl choride)	聚氯乙烯
	PVCC	Chlorinated poly(vinyl chloride)	氯化聚氯乙烯
	RP	Reinforced plastics	增强塑料
	SAN	Styrene-acrylonitrile copolymer	苯乙烯-丙烯腈共聚物
热固性塑料	PF	Phenol-formaldehyde resin	酚醛树脂
	EP	Epoxide resin	环氧树脂
	PUR	poly urethane	聚氨酯
	UP	Unsaturated polyester	不饱和聚酯
	MF	Melamine-phenol-formaldehyde	三聚氰胺-甲醛树脂
	UF	Urea-formaldehyde resin	脲甲醛树脂
	PDAP	Poly(diallyl phthalate)	聚邻苯甲二酸二烯丙酯

表 D-9 常用塑料的性能与用途

塑料名称	性能特点	成型特点	模具设计的注意事项	使用温度/℃	主要用途
聚乙烯(结晶体)	质软,力学性能差,表面硬度低,化学稳定性较好;但不耐强氧化剂。耐水性好	成型前可不预热,收缩大,易变形;冷却时间长,成型效率不高;塑件有浅侧凹,可强制脱膜	浇注系统应尽快保证充型,需设冷却系统,采用螺杆注射机,收缩率:料流方向为 2.75%;垂直料流方向为 2.0%,注意防变形	<80	薄膜、管、绳、容器、电器绝缘零件、日用品等
聚丙烯(结晶体)	化学稳定性较好,耐寒性差,光、氧作用下易降解,力学性能比聚乙烯好	成型时收缩大,成型性能好,易变形翘曲,尺寸稳定性好,柔软性好,有“铰链”特性	因有“铰链”特性,注意浇口位置设计;防缩孔、变形;收缩率为 1.3% ~1.7%	10 ~120	板、片、透明薄膜、绳、绝缘零件、汽车零件、阀门配件、日用品等
聚酰胺(结晶体)	抗拉强度、耐磨性、自润滑性突出,吸水性强;化学稳定性好,能溶于甲醛、苯酚、浓硫酸等	熔点高,成型前需预热;黏度低,流动性好,易产生溢料、飞边;熔融温度下较硬,易损模具,主流道及型腔易粘模	防止溢料,要提高结晶化温度,应注意模具温度的控制;收缩率为 1.5% ~2.5%	<100(尼龙 6)	耐磨零件及传动件,如齿轮、凸轮、滑轮等;电器零件中的骨架外壳、阀类零件、单丝、薄膜、日用品
聚甲醛(结晶体)	综合性能好,比强度、比刚度接近金属;化学稳定性较好,但不耐酸	热稳定性差,易分解,流动性好,注射时速度要快,注射压力不稳定且过高,凝固速度快,不等完全硬化即可取件	浇道阻力要小,采用螺杆式浇注机,注意塑化温度和模具温度的控制,收缩率 <2.5%	<100	可代替钢、铜、铝、铸铁等制造多种零件及电子产品中的许多结构零件
聚苯乙烯(非结晶体)	透明性好,电性能好,抗拉强度高,耐磨性好,质脆,抗冲击强度差,化学稳定性较好	成型性能好,成型前可不干燥,但注射时应防止溢料,塑件易产生内应力,易开裂	因流动性好,适宜用点浇口,但因热膨胀大,塑件中不宜有嵌件	-30 ~80	装饰塑件、仪表壳、灯罩、绝缘零件容器、泡沫塑料、日用品
ABS(非结晶体)	综合力学性能好,但耐热性较差,吸水性较大,化学稳定性较好	成型性能好,成型前要干燥,易产生熔接痕,浇口外观不好	分流道及浇口截面要大,注意浇口的位置,防止熔接痕,浇口处外观不好	<70	电器外壳、汽车仪表盘、日用品

（续）

塑料名称	性能特点	成型特点	模具设计的注意事项	使用温度/℃	主要用途
有机玻璃（非结晶型）	透光率最好、质轻、坚韧，电器绝缘性好；但表面硬度不高，质脆易开裂。化学稳定性较好，但不耐无机酸，易溶于有机溶剂	流动性差，易产生熔接痕，缩孔，易分解；透明性好成型前要干燥，注射时速度不能太高	合理设计浇注系统，便于充型，脱模斜度应尽可能大；严格控制料温与模温，以防分解；收缩率取0.35%	<80	透明塑件，如窗玻璃、光学镜片、光盘、灯罩等
聚氯乙烯（非结晶体）	不耐强酸和碱类溶液，能溶于甲苯、松节油等，其他性能取决于配方	热稳定性差，成型温度范围窄；流动性差，腐蚀性强，塑件外观差	合理设计浇注系统，阻力要小，严格控制成型温度，及料筒、喷嘴及模具温度；模具要进行表面镀铬处理，收缩率为0.7%	-15～55	用途广泛，人造薄膜、管、板、容器、电缆、人造革、鞋类、日用品等
聚碳酸酯（非结晶体）	透光率较高，介电性能好，吸水性小，力学性能好，抗冲击、抗蠕变性能突出，但耐磨性能差，不耐酸碱、酮、酯	耐寒性好，熔融温度高，黏性大，成型前需干燥，易产生残余应力，甚至裂纹；质硬，易损模具，使用性能好	尽可能使用直接浇口，减小流动阻力，塑料干燥；不宜采用金属嵌件，脱膜斜度大于2°	<130 脆化温度为-100	在机械上用作齿轮、凸轮、涡轮、滑轮等，电机电子产品零件，光学零件等
氟化氯乙烯（氟塑料结晶）	摩擦因数小，电绝缘性好，但力学性能不高，刚性差；可耐一切酸、碱、盐及有机溶剂	黏度大，流动性差，易变色，成型困难，应高温高压成型	浇注系统尺寸要大一些，防止成型时变色，模具要表面处理，模具材料耐蚀性要好，收缩率为0.5%	-195～250	防腐化工领域的产品、电绝缘产品、耐热耐寒产品、自润滑塑件
酚醛塑料	表面硬度高，刚性好，尺寸稳定，电绝缘性好，但质脆且冲击强度差，不耐强酸、强碱及硝酸	适宜压缩成型，成型性好，模温对流动性影响很大	注意模具预热和排气	<200	根据添加剂的不同可制成各种塑件，用途广泛
氨基塑料	表面硬度高，电绝缘性能好；耐油、耐酸碱和有机溶剂，但不耐酸	常用于压缩与传递成型，成型前需干燥，流动性好，固化快	模具应防腐，模具应预热及成型温度适当高，装料、合模及加工速度要快	与配方有关，最高可达200	电绝缘零件、日用品、胶黏剂、层压、泡沫塑料等

表 D-10 常用热塑性塑料的主要技术指标

塑料名称		聚氯乙烯		聚乙烯		聚丙烯		聚苯乙烯		
		硬	软	高密度	低密度	纯	玻璃纤维增强	一般型	抗冲击型	20% ~30% 玻璃纤维增强
密度 ρ/(kg/dm^3)		1.35 ~1.45	1.16 ~1.35	0.94 ~0.97	0.91 ~0.93	0.90 ~0.91	1.04 ~1.05	1.04 ~1.06	0.98 ~1.10	1.20 ~1.33
比体积 v/(dm^3/kg)		0.69 ~0.74	0.74 ~0.86	1.03 ~1.06	1.08 ~1.10	1.10 ~1.11		0.94 ~0.96	0.91 ~1.02	0.75 ~0.83
吸水率(24h) $W_{p.c}$ ×100		0.07 ~0.4	0.15 ~0.75	<0.01	<0.01	0.01 ~0.83	0.05	0.03 ~0.05	0.1 ~0.3	0.05 ~0.07
收缩率 s(%)		0.6 ~1.0	1.5 ~2.5	1.5 ~3.0		1.0 ~3.0	0.4 ~0.8	0.5 ~0.6	0.3 ~0.6	0.3 ~0.5
熔点 t/℃		160 ~212	110 ~160	105 ~137	105 ~125	170 ~176	170 ~180	131 ~165		
热变形温度 t/℃	0.46MPa	67 ~82		60 ~82		102 ~115	127			
	0.185MPa	54		48		56 ~67		65 ~96	64 ~92.5	82 ~112
抗拉强度 R_m/MPa		35.2 ~50	10.5 ~24.6	22 ~39	7 ~19	37	78 ~90	35 ~63	14 ~48	77 ~106
拉伸弹性模量 E_1/MPa		2.4×10^3 ~ 4.2×10^3		0.84×10^3 ~ 0.95×10^3				2.8×10^3 ~ 3.5×10^3	1.4×10^3 ~ 3.1×10^3	3.23×10^3
抗弯强度 σ_{bb}/MPa		≥90		20.8 ~40	25	67.5	132	61 ~98	35 ~70	70 ~119
冲击韧度	α_n/(kJ/m^2) 无缺口			不断	不断	78	51			
	α_k/(kJ/m^2) 有缺口	58		65.5	48	3.5 ~4.8	14.1	0.54 ~0.86	1.1 ~23.6	0.75 ~13
硬度 HB		16.2 R110 ~120	邵96(A)	2.07 邵 D60 ~70	邵 D441 ~46	8.65 R95 ~105	9.1	M65 ~80	M20 ~80	M65 ~90
体积电阻率 ρ_v/(Ω·cm)		6.71×10^{13}	6.71×10^{13}	10^{15} ~10^{16}	$>10^{16}$	$>10^{16}$		$>10^{16}$	$>10^{16}$	10^{13} ~10^{17}
击穿强度 E/(kV/mm)		26.5	26.5	17.7 ~19.7	18.1 ~27.5	30		19.7 ~27.5		

（续）

塑料名称		苯乙烯共聚			苯乙烯改性聚甲基丙烯酸甲酯(372)	聚　酰　胺				
		AS(无填料)	ABS	20% ~40%玻璃纤维增强		尼龙 1010	30%玻璃纤维增强尼龙 1010	尼龙 6	30%玻璃纤维增强尼龙 6	尼龙 66
密度 ρ/(kg/dm^3)		1.08 ~ 1.10	1.02 ~ 1.16	1.23 ~ 1.36	1.12 ~ 1.16	1.04	1.19 ~ 1.30	1.10 ~ 1.15	1.21 ~ 1.35	1.10
比体积 v/(dm^3/kg)			0.86 ~ 0.98		0.86 ~ 0.98	0.96	0.77 ~ 0.84	0.87 ~ 0.91	0.74 ~ 0.83	0.91
吸水率(24h) $W_{p.c}$ ×100		0.2 ~ 0.3	0.2 ~ 0.4	0.18 ~ 0.4	0.2	0.2 ~ 0.4	0.4 ~ 1.0	1.6 ~ 3.0	0.9 ~ 1.3	0.9 ~ 1.6
收缩率 s(%)		0.2 ~ 0.7	0.4 ~ 0.7	0.1 ~ 0.2		1.3 ~ 2.3（纵向），0.7 ~ 1.7（横向）	0.3 ~ 0.6	0.6 ~ 1.4	0.3 ~ 0.7	1.5
熔点 t/℃			130 ~ 160			205		210 ~ 225		250 ~ 265
热变形温度 t/℃	0.46MPa		90 ~ 108	104 ~ 121		148		140 ~ 176	216 ~ 264	149 ~ 176
	0.185MPa	88 ~ 104	83 ~ 103	99 ~ 116	85 ~ 99	55		80 ~ 120	204 ~ 259	82 ~ 121
抗拉强度 R_m/MPa		63 ~ 84.4	50	59.8 ~ 133.6	63	62	174	70	164	89.5
拉伸弹性模量 E_1/MPa		2.81×10^3 ~ 3.94×10^3	1.8×10^3	4.1×10^3 ~ 7.2×10^3	3.5×10^3	1.8×10^3	8.7×10^3	2.6×10^3		1.25×10^3 ~ 2.88×10^3
抗弯强度 σ_{bb}/MPa		98.5 ~ 133.6	80	112.5 ~ 189.9	113 ~ 130	88	208	96.9	227	126
冲击韧度	α_n/(kJ/m^2) 无缺口		261			不断	84	不断	80	49
	α_k/(kJ/m^2) 有缺口		11		0.71 ~ 1.1	25.3	18	11.8	15.5	6.5
硬度　HB		洛氏 M80 ~ 90	9.7 R121	洛氏 M65 ~ 100	M70 ~ 85	9.75	13.6	11.6 M85 ~ 114	14.5	12.2 R100 ~ 118
体积电阻率 ρ_v/(Ω·cm)		$>10^{16}$	6.9×10^{16}		$>10^{14}$	1.5×10^{15}	6.7×10^{15}	1.7×10^{16}	4.77×10^{15}	4.2×10^{14}
击穿强度 E/(kV/mm)		15.5 ~ 19.7			15.7 ~ 17.7	20	>20	>20		>15

（续）

塑料名称		聚酰胺					聚甲醛	聚碳酸酯		氯化聚醚
		30%玻璃纤维增强尼龙66	尼龙610	40%玻璃纤维增强尼龙610	尼龙9	尼龙11		纯	20%～30%短玻璃纤维增强	
密度 ρ/(kg/dm^3)		1.35	1.07～1.33	1.38	1.05	1.04	1.41	1.20	1.34～1.35	1.4～1.41
比体积 v/(dm^3/kg)		0.74	0.88～0.93	0.72	0.95	0.96	0.71	0.83	0.74～0.75	0.71
吸水率(24h) $W_{p.c}\times100$		0.5～1.3	0.4～0.5	0.17～0.28	0.15	0.5	0.12～0.15	0.15,23℃ 50%RH	0.09～0.15	<0.01
收缩率 s(%)		0.2～0.8	1.0～2.0	0.2～0.6	1.5～2.5	1.0～2.0	1.5～3.0	0.5～0.7	0.05～0.5	0.4～0.8
熔点 t/℃			215～225		210～215	186～190	180～200	225～250	235～245	178～182
热变形温度 t/℃	0.46MPa	262～265	149～185	215～226		68～150	158～174	132～141	146～149	141
	0.185MPa	245～262	57～100	200～225		47～55	110～157	132～138	140～145	100
抗拉强度 R_m/MPa		146.5	75.5	210	55.6	54	69	72	84	32
拉伸弹性模量 E_1/MPa		6.02×10^3～12.6×10^3	2.3×10^3	11.4×10^3		1.4×10^3	2.5×10^3	2.3×10^3	6.5×10^3	1.1×10^3
抗弯强度 σ_{bb}/MPa		215	110	281	90.8	101	104	113	134	49
冲击韧度	α_n/(kJ/m^2) 无缺口	76	82.6	103	不断	56	202	不断	57.8	不断
	α_k/(kJ/m^2) 有缺口	17.5	15.2	38		15	15	55.8～90	10.7	10.7
硬度 HB		15.6 M94	9.52 M90～113	14.9	8.31	7.5 R100	11.2 M78	11.4 M75	13.5	4.2 R100
体积电阻率 ρ_v/(Ω·cm)		5×10^{16}	3.7×10^{16}	$>10^{14}$	4.44×10^{15}	1.6×10^{15}	1.87×10^{14}	3.06×10^{17}	10^{17}	1.56×10^{16}
击穿强度 E/(kV/mm)		16.4～20.2	15～25	23	>15	>15	18.6	17～22	22	16.4～22

（续）

塑料名称	聚砜		聚芳砜	聚苯醚	聚酰胺			碳酸纤维素	聚酰亚胺（包封级）
	纯	30%玻璃纤维增强			聚四氟乙烯	聚三氟氯乙烯	聚偏二氟乙烯		
密度 ρ/(kg/dm^3)	1.24	1.34～1.40	1.37	1.06～1.07	2.1～2.2	2.11～2.3	1.76	1.23～1.34	1.55
比体积 v/(dm^3/kg)	0.80	0.71～0.75	0.73	0.93～0.94	0.45～0.48	0.43～0.47	0.57	0.75～0.81	
吸水率(24h) $W_{p.c}\times100$	0.12～0.22	<0.1	1.8	0.06	0.005	0.005	0.04	1.9～6.5	0.11
收缩率 s(%)	0.5～0.6	0.3～0.4	0.5～0.8	0.4～0.7	3.2～7.7	1～2.5	2.0	0.3～0.42	0.3
熔点 t/℃	250～280			300	327	260～280	204～285		
热变形温度 t/℃ 0.46MPa	132	191		186～204	121～126	130	150	49～76	288
热变形温度 t/℃ 0.185MPa	174	185		175～193	120	75	90	44～88	288
抗拉强度 R_m/MPa	82.5	>103	98.3	87	14～25	32～40	46～49.2	13～59(断裂)	18.3
拉伸弹性模量 E_1/MPa	2.5×10^3	3.0×10^3		2.5×10^3	0.4×10^3	1.1×10^3～1.3×10^3	0.84×10^3	0.46×10^3～2.8×10^3	
抗弯强度 σ_{bb}/MPa	104	>180	154	140	11～14	55～70		14～110	70.3
冲击韧度 α_n/(kJ/m^2) 无缺口	202	46	102	100	不断		160		
冲击韧度 α_k/(kJ/m^2) 有缺口	15	10.1	17	13.5	16.4	13～17	20.3	0.86～11.7	
硬度 HB	12.7 M60、M120	14	14 R110	13.3 R118～123	R58 邵 D50～65	9～13 邵 D74～78	邵 D80	R35～125	50(肖氏 D)
体积电阻率 ρ_v/(Ω·cm)	9.46×0^{16}	$>0^{16}$	1.1×10^{17}	2.0×10^{17}	$>10^{18}$	$>10^{17}$	2×10^{14}	10^{10}～10^{14}	8×10^{14}
击穿强度 E/(kV/mm)	16.1	20	29.7	16～20.5	25～40	19.7	10.2	11.8～23.6	28.5

附录 E 螺纹紧固件及联接尺寸

1. 塑料模的常用螺钉及选用

塑料模中的常用螺钉都是标准件，设计模具时按标准选用即可。螺钉用于固定模具零件，塑料模中广泛应用的是内六角螺钉和圆柱销钉，其中 M6 ~ M12 的螺钉最为常用。内六角螺钉紧固牢靠，螺钉头部不外露，可以保证模具外形安全美观。

塑料模中应用较多的螺钉和螺栓主要包括内六角圆柱头螺钉、内六角平圆头螺钉、开槽圆柱头螺钉、内六角螺栓等，这里主要介绍前两种。

2. 内六角圆柱头螺钉

内六角圆柱头螺钉如图 E-1 所示，在塑料模中的应用非常广泛，可作为卸料螺钉也可用于凹模、垫板和下模板的固定等。国标 GB/T 70.1—2008 中对其规格进行了比较详细的分类，并对每一种规格的参数作出了明确的规定（表 E-1）。如螺纹规格 d = M5、公称长度 l = 20mm、性能等级为 8.8 级、表面氧化处理的 A 级内六角圆柱头螺钉可标记为“螺钉 GB/T 70.1 M5 ×20”。

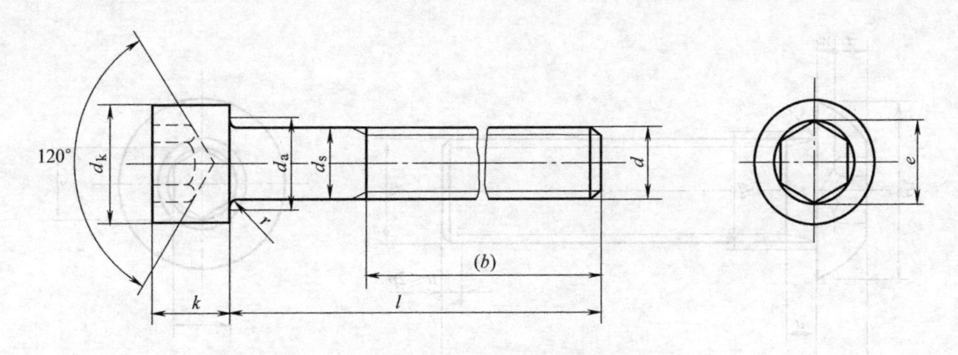

图 E-1 内六角圆柱头螺钉

表 E-1 内六角圆柱头螺钉（摘自 GB/T 70.1—2008） （单位：mm）

螺纹规格 d			M1.6	M2	M2.5	M3	M4	M5	M6	M8
螺距 p			0.35	0.4	0.45	0.5	0.7	0.8	1	1.25
$b_{参考}$			15	16	17	18	20	22	24	28
d_k	max	①	3.00	3.80	4.50	5.50	7.00	8.50	10.00	13.00
		②	3.14	3.98	4.68	5.68	7.22	8.72	10.22	13.27
	min		2.86	3.62	4.32	5.32	6.78	8.28	9.78	12.73
d_a	max		2	2.6	3.1	3.6	4.7	5.7	6.8	9.2
d_s	max		1.60	2.00	2.50	3.00	4.00	5.00	6.00	8.00
	min		1.46	1.86	2.36	2.86	3.82	4.82	5.82	7.78
e③	min		1.73	1.73	2.3	2.87	3.44	4.58	5.72	6.86
l	max		0.34	0.51	0.51	0.51	0.6	0.6	0.68	1.02

（续）

k	max	1.60	2.00	2.50	3.00	4.00	5.00	6.00	8.00
	min	1.46	1.86	2.36	2.86	3.82	4.82	5.7	7.64
r min		0.1	0.1	0.1	0.1	0.2	0.2	0.25	0.4
s	公称	1.5	1.5	2	2.5	3	4	5	6
	max	1.58	1.58	2.08	2.58	3.08	4.095	5.14	6.14
	min	1.52	1.52	2.02	2.52	3.02	4.020	5.02	6.02

注：1. $l_{公称}$为商品长度规格，其尺寸系列可从标准中查询。

2. 力学性能等级的选择：对于钢，当 $d<3$mm 时根据协议；当 3mm≤d≤39mm 时选 8.8、10.9、12.9；当 $d>$39mm 时根据协议。对于不锈钢（参考国标 GB/T 3098.6—2000），当 d≤24mm 时选 A2-70、A4-70；当 24mm≤d≤39mm 时选 A2-50、A4-50；当 $d>39$ 时根据协议。对于非铁金属 CU2、CU3 参考国标 GB/T 3098.10—1993）。

① 对光滑头部。

② 对滚花头部。

③ $e=1.148s$。

3. 内六角平圆头螺钉

内六角平圆头螺钉（图 E-2），GB/T 70.2—2008 对其规格和尺寸进行了详细的规定，见表 E-2。如螺纹规格 d = M12、公称长度 l = 40mm、性能等级为 12.9 级，表面氧化处理的 A 级内六角平圆头螺钉可标记为“螺钉　GB/T 70.2　M12×40”。

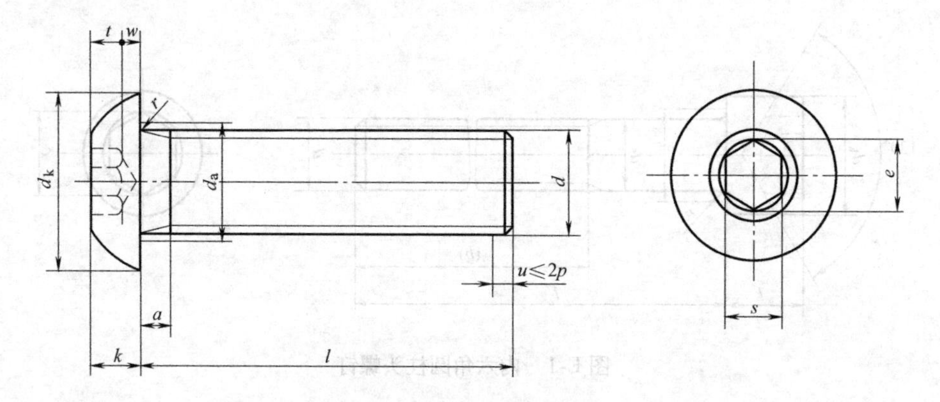

图 E-2　内六角平圆头螺钉

表 E-2　内六角平圆头螺钉（摘自 GB/T 70.2—2008）　（单位：mm）

螺纹规格 d		M3	M4	M5	M6	M8	M10	M12	M16
螺距 p		0.5	0.7	0.8	1	1.25	1.5	1.75	2
a	max	1.0	1.4	1.6	2	2.50	3.0	3.50	4
	min	0.5	0.7	0.8	1	1.25	1.5	1.75	2
d_a max		3.6	4.7	5.7	6.8	9.2	11.2	14.2	18.2
d_k	max	5.7	7.60	9.50	10.50	14.00	17.50	21.00	28.00
	min	5.4	7.24	9.14	10.07	13.57	17.07	20.48	27.48
e① min		2.3	2.87	3.41	4.58	5.72	6.86	9.15	11.43
k	max	1.65	2.20	2.75	3.3	4.4	5.5	6.60	8.80
	min	1.40	1.95	2.50	3.0	4.1	5.2	6.24	8.44

（续）

r min			0.2	0.2	0.25	0.4	0.4	0.6	0.6
s	公称		2	2.5	3	4	5	6	8	10
	max	②	2.045	2.56	3.071	4.084	5.084	6.095	8.115	10.115
		③	2.060	2.58	3.080	4.095	5.140	6.140	8.175	10.175
	min		2.020	2.52	3.020	4.020	5.020	6.020	8.025	10.025
t min			1.04	1.3	1.56	2.08	2.6	3.12	4.16	5.2
w min			0.2	0.3	0.38	0.74	1.05	1.45	1.63	2.25
$l_{公称}$			6~12	8~16	10~30	10~30	10~40	16~40	16~50	20~50
力学性能等级（钢）	8.8	最小拉力载荷/N	3220	5620	9080	12900	23400	37100	53900	100000
	10.9		4180	7300	11800	16700	30500	48200	70200	130000
	12.9		4910	8560	13800	19600	35700	56600	82400	154000

注：$l_{公称}$为商品长度规格，其尺寸系列为6mm、8mm、10mm、12mm、16mm、20mm、25mm、30mm、35mm、40mm、45mm、50mm。

① $e=1.145s$。

② 用于12.9级。

③ 用于其他性能等级。

4. 塑料模螺钉的选用原则

在模具设计中，选用螺钉时应注意以下几个方面。

1）螺钉主要承受拉应力，其尺寸及数量一般根据模板厚度和其他的设计经验来确定，中、小型模具一般采用M6、M8、M10或M12等，大型模具可选M12、M16或更大规格，但是选用过大的螺钉也会给攻螺纹带来困难。根据模板厚度来确定螺钉规格时见表E-3。塑料模螺钉、销钉的装配尺寸如图E-3所示。

表E-3 螺钉规格的选择

凹模厚度 H/mm	≤13	13~19	19~25	25~32	>35
螺钉规格	M4、M5	M5、M6	M6、M8	M8、M10	M10、M12

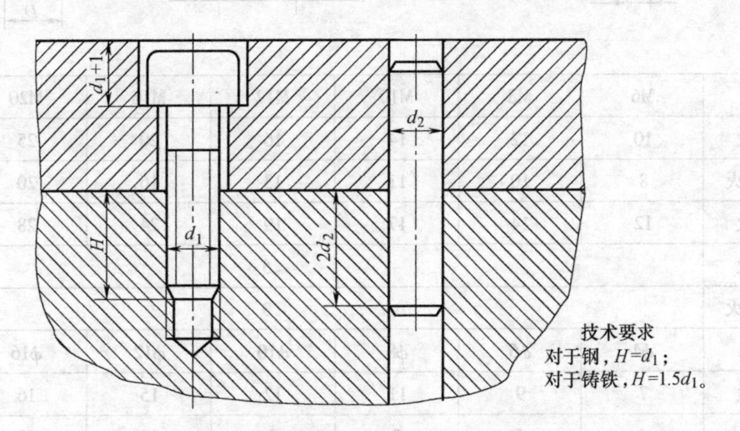

图E-3 塑料模螺钉、销钉的装配尺寸

螺钉要按具体位置、尽量在被固定件的外形轮廓附近进行均匀布置。当被固定件为圆形时，一般采用3~4个螺钉，当为矩形时，一般采用4~6个。

2）螺钉拧入的深度不能太浅，否则紧固不牢靠；也不能太深，否则装卸工作量大。对于较常用的规格，表 E-4 列出了内六角螺钉通过孔的尺寸；钉孔最小深度以及圆柱的配合长度。螺钉之间、螺钉与销钉之间的距离，螺钉、销钉距离工作表面及外边缘的距离均不应过小，以防降低强度，其最小距离见表 E-5，可供设计时参考。

表 E-4　内六角螺钉通过孔的尺寸

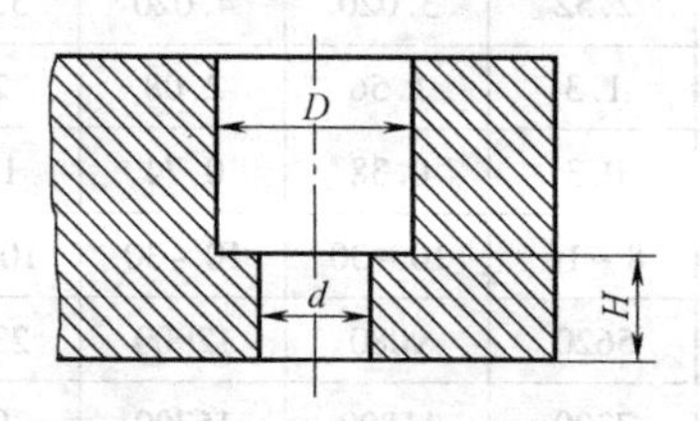

螺钉孔尺寸	螺钉直径						
	M6	M8	M10	M12	M16	M20	M24
d	7	9	11.5	13.5	17.5	21.5	25.5
D	11	13.5	16.5	19.5	25.5	31.5	37.5
H	3 ~ 25	4 ~ 35	5 ~ 45	6 ~ 55	8 ~ 75	10 ~ 85	12 ~ 95

表 E-5　螺钉孔、销钉孔的最小距离　　（单位：mm）

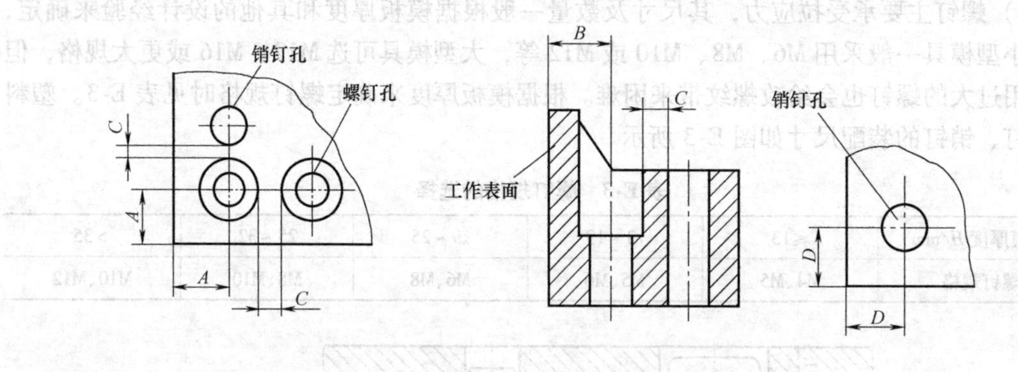

螺钉孔		M6	M8	M10	M12	M16	M20	M24
A	淬火	10	12	14	16	20	25	30
	不淬火	8	10	11	13	16	20	25
B	淬火	12	14	17	19	24	28	35
C	淬火	5						
	不淬火	3						
销钉孔		$\phi4$	$\phi6$	$\phi8$	$\phi10$	$\phi12$	$\phi16$	$\phi20$
D	淬火	7	9	11	12	15	16	20
	不淬火	4	6	7	8	10	13	16

3）螺栓用来联接两个不太厚并能钻成通孔的零件，一般的联接方式是将螺杆穿过两个零件的通孔，再套上垫圈。

5. 塑料模常用销钉及选用

塑料模常用销钉按类型分主要有圆柱销和圆锥销两类。圆柱销按照制作材料可分为不淬火硬钢、奥氏体不锈钢圆柱销和淬硬钢、马氏体不锈钢圆柱销两类，按照有无内螺纹可分为普通圆柱销和内螺纹圆柱销两类。圆锥销则分为普通圆锥销和内螺纹圆锥销。

塑料模中的销钉用于联接两个带通孔的零件，起定位作用并承受一般的错移力。同一个组合的圆柱销不少于两个，尽量置于被固定件的外形轮廓附近，一般离模具刃口较远且尽量错开布置，以保证定位可靠。对于中、小型模具，一般选用 $d = 6$mm、8mm、10mm、12mm 等几种尺寸。错移力较大的情况可适当选大一些的尺寸。圆柱销的配合深度一般不小于其直径的两倍，也不宜太深。圆柱销钉孔的形式及其装配尺寸见表 E-6。

表 E-6　圆柱销钉孔的形式及其装配尺寸

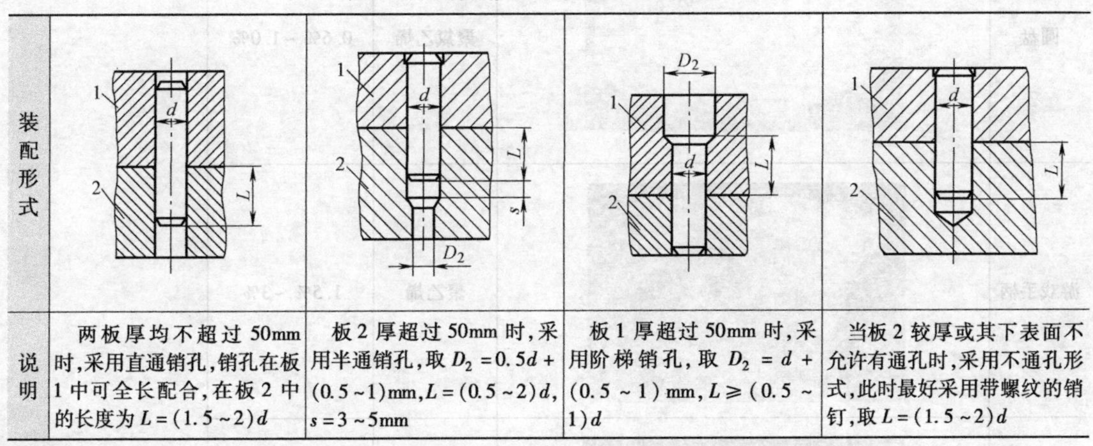

装配形式				
说明	两板厚均不超过 50mm 时，采用直通销孔，销孔在板 1 中可全长配合，在板 2 中的长度为 $L=(1.5\sim2)d$	板 2 厚超过 50mm 时，采用半通销孔，取 $D_2=0.5d+(0.5\sim1)$mm，$L=(0.5\sim2)d$，$s=3\sim5$mm	板 1 厚超过 50mm 时，采用阶梯销孔，取 $D_2=d+(0.5\sim1)$mm，$L\geqslant(0.5\sim1)d$	当板 2 较厚或其下表面不允许有通孔时，采用不通孔形式，此时最好采用带螺纹的销钉，取 $L=(1.5\sim2)d$

附录 F　注塑模具课程设计素材

注塑模具课程设计素材见表 F。

表 F　注塑模具课程设计素材

产品名称	三　维　图	材料	收缩率	技术要求
圆盘		聚氯乙烯	0.6% ~1.0%	
游戏手柄		聚乙烯	1.5% ~3%	
正六边形		ABS	0.4% ~0.7%	产品表面无流痕，无缺陷，无飞边
壳子		尼龙 6	0.6% ~1.4%	
盖子		聚氯乙烯	0.6% ~1.0%	

（续）

产品名称	三　维　图	材料	收缩率	技术要求
杯子		尼龙6	0.6%～1.4%	
五角星		ABS	0.4%～0.7%	产品表面无流痕，无缺陷，无飞边
扳手	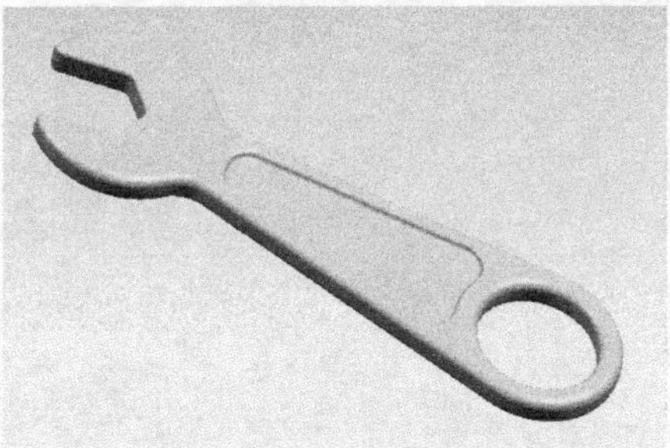	聚氯乙烯	0.6%～1.0%	
手机壳	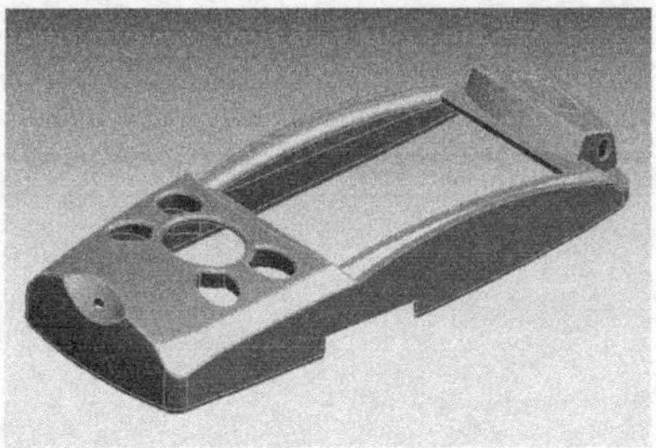	ABS	0.4%～0.7%	

（续）

产品名称	三 维 图	材料	收缩率	技术要求
气缸		尼龙6	0.6% ~1.4%	产品表面无流痕，无缺陷，无飞边

参考文献

[1] 朱光力，万金保，等. 塑料模具设计 [M]. 2版. 北京：清华大学出版社，2007.
[2] 屈华昌. 塑料成型工艺与模具设计 [M]. 北京：高等教育出版社，2005.
[3] 塑料模设计手册编写组. 塑料模设计手册 [M]. 北京：机械工业出版社，2002.
[4] 张秀玲，黄红辉. 塑料成型工艺与模具设计 [M]. 长沙：中南大学出版社，2006.
[5] 李奇. 塑料成型工艺与模具设计 [M]. 北京：中国劳动社会保障出版社，2006.
[6] 李德群，唐志玉. 中国模具设计大典：第2卷 [M]. 南昌：江西科学技术出版社，2003.
[7] 邹继强. 塑料模具设计参考资料汇编 [G]. 北京：清华大学出版社，2005.
[8] 伍先明，王群. 塑料模具设计指导 [M]. 北京：国防工业出版社，2006.
[9] 许发樾等. 实用模具设计与制造手册 [M]. 北京：机械工业出版社，2001.
[10] 吴生绪. 塑料成型模具设计手册 [M]. 北京：机械工业出版社，2007.
[11] 李学辉. 塑料模设计与制造 [M]. 北京：机械工业出版社，2001.

读者信息反馈表

感谢您购买《注塑模具课程设计指导书》一书。为了更好地为您服务，有针对性地为您提供图书信息，方便您选购合适图书，我们希望了解您的需求和对我们教材的意见和建议，愿这小小的表格为我们架起一座沟通的桥梁。

姓　　名		所在单位名称			
性　　别		所从事工作(或专业)			
通信地址			邮　编		
办公电话			移动电话		
E-mail					

1. 您选择图书时主要考虑的因素：（在相应项前面✓）

（　）出版社　　（　）内容　　（　）价格　　（　）封面设计　　（　）其他

2. 您选择我们图书的途径（在相应项前面✓）

（　）书目　　（　）书店　　（　）网站　　（　）朋友推介　　（　）其他

希望我们与您经常保持联系的方式：

☐电子邮件信息　☐定期邮寄书目

☐通过编辑联络　☐定期电话咨询

您关注（或需要）哪些类图书和教材：

您对我社图书出版有哪些意见和建议（可从内容、质量、设计、需求等方面谈）：

您今后是否准备出版相应的教材、图书或专著（请写出出版的专业方向、准备出版的时间、出版社的选择等）：

非常感谢您能抽出宝贵的时间完成这张调查表的填写并回寄给我们，我们愿以真诚的服务回报您对机械工业出版社技能教育分社的关心和支持。

请联系我们——

地　　址　北京市西城区百万庄大街22号　机械工业出版社技能教育分社

邮　　编　100037

社长电话　（010）88379083　88379080　68329397（带传真）

E-mail　cmpjjj@vip.163.com

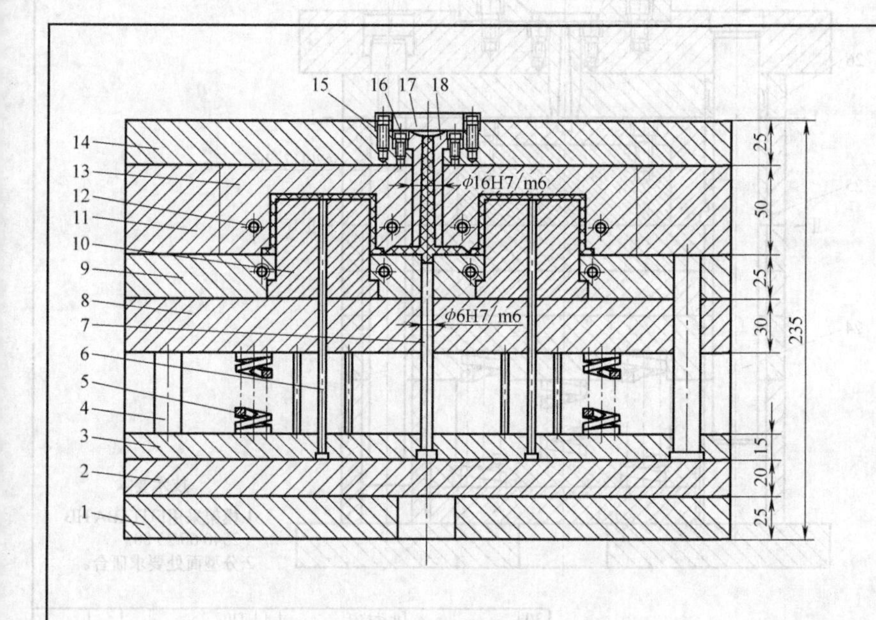

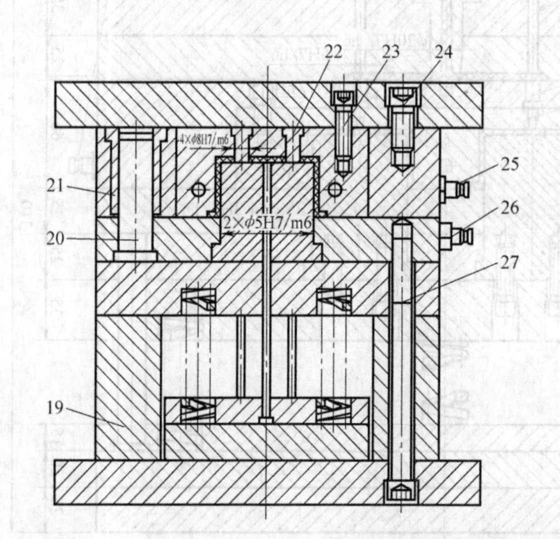

200
250
350

产品说明

开模时模具自分型面处分开，依靠注塑机的机械力推动推杆垫板，垫板迫使推杆向前运动，推出产品，完成零件的脱模，回程时依靠四个矩形弹簧的弹力辅助回程完成合模，该模具结构简单，动作可靠，冷却效果佳。

技术要求

1.模架采用FUTABA—SA，2035模架50 25 80。

2.分型面处要求研合。

序号	代号	名称	数量	材料	单件重量	总计重量	备注
27	GB/T 70.1—2008	内六角圆柱头螺钉M12X140	6				
26		冷却水管接头②	4				
25		冷却水管接头①	4				
24	GB/T 70.1—2008	内六角圆柱头螺钉M12X25	6				
23	GB/T 70.1—2008	内六角圆柱头螺钉M8X16	6				
22		定模镶件					
21		导套	4	T10			
20		导柱	4	T10			
19		模脚	2	45			
18		主流道衬套	1	T10			
17		定位环	1	T10			
16	GB/T 70.1—2008	内六角圆柱头螺钉M5X10	2				
15	GB/T 70.1—2008	内六角圆柱头螺钉M5X16	2				
14		定模座板	1	45			
13		定模镶块	1	P20			
12		O形环	8				
11		定模板	1	T10			
10		动模镶块	2	P20			
9		动模板	1	45			
8		垫板	1	45			
7		推料杆	1	T10			
6		推杆	10	T10			
5	HB 4575—1992	矩形压缩弹簧20×75	4				
4		回程杆	4	T10			
3		推杆固定板	1	45			
2		推杆垫板	1	45			
1		动模座板	1	45			

标记	处数	更改文件名	签字	日期	图样标记	重量	比例
设计							1:1
			日期		共　张		第　张

图 5-52　总装图

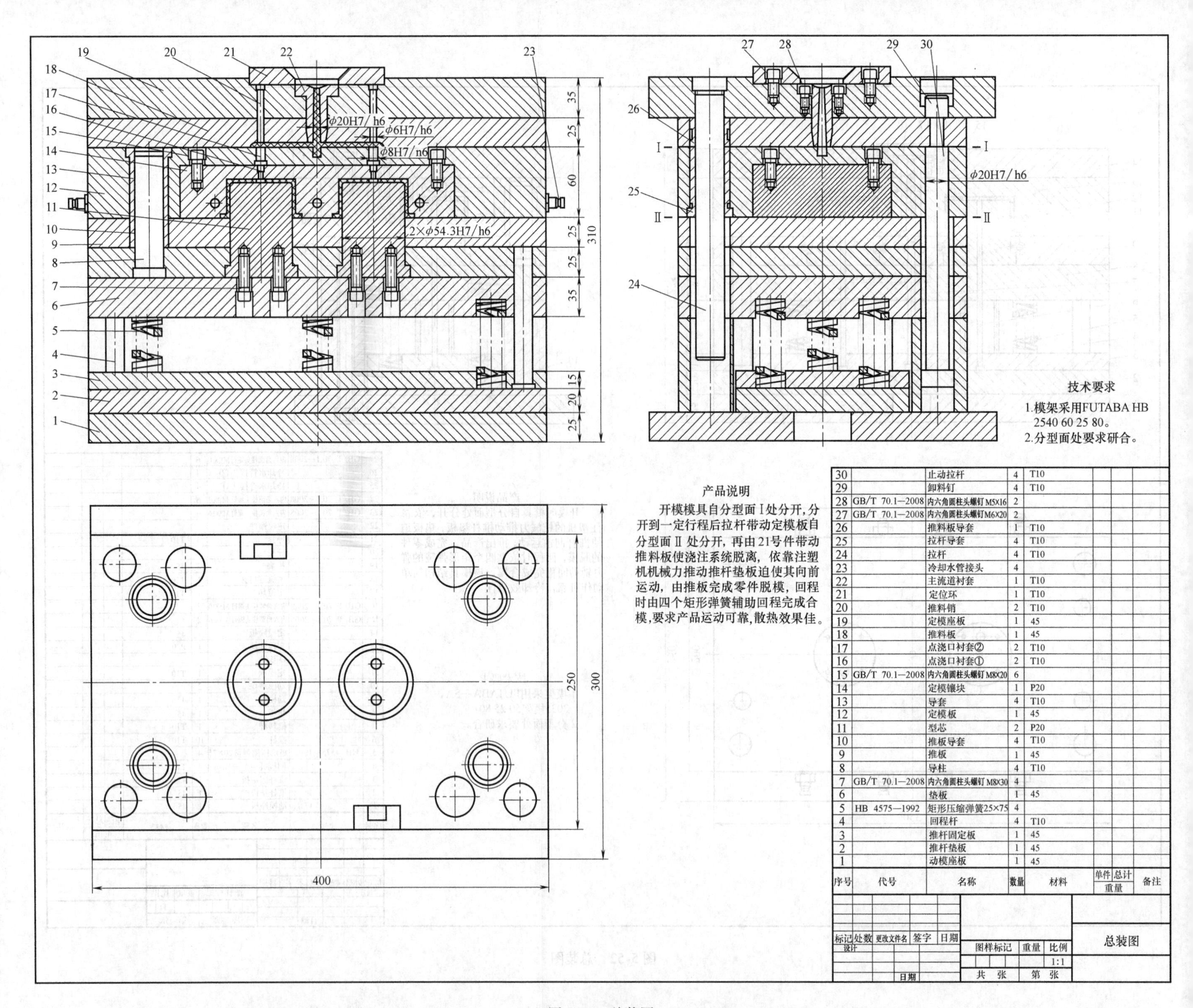

序号	代号	名称	数量	材料	单件重量	总计重量	备注
30		止动拉杆	4	T10			
29		卸料钉	4	T10			
28	GB/T 70.1—2008	内六角圆柱头螺钉 M5X16	2				
27	GB/T 70.1—2008	内六角圆柱头螺钉 M6X20	2				
26		推料板导套	1	T10			
25		拉杆导套	4	T10			
24		拉杆	4	T10			
23		冷却水管接头	4				
22		主流道衬套	1	T10			
21		定位环	1	T10			
20		推料销	2	T10			
19		定模座板	1	45			
18		推料板	1	45			
17		点浇口衬套②	2	T10			
16		点浇口衬套①	2	T10			
15	GB/T 70.1—2008	内六角圆柱头螺钉 M8X20	6				
14		定模镶块	1	P20			
13		导套	4	T10			
12		定模板	1	45			
11		型芯	2	P20			
10		推板导套	4	T10			
9		推板	1	45			
8		导柱	4	T10			
7	GB/T 70.1—2008	内六角圆柱头螺钉 M8X30	4				
6		垫板	1	45			
5	HB 4575—1992	矩形压缩弹簧25×75	4				
4		回程杆	4	T10			
3		推杆固定板	1	45			
2		推杆垫板	1	45			
1		动模座板	1	45			

图 5-80　总装图